Bernd Klein
Frank Mannewitz

STATISTISCHE
TOLERIERUNG

Aus dem Programm
Qualitäts- und Zuverlässigkeitsmanagement

Qualitätslehre
von Walter Geiger

Wirtschaftlichkeit industrieller Zuverlässigkeitssicherung
von Franz Brunner

Qualität und Zuverlässigkeit beim Zukauf
von Gerhard Kastreuz (in Vorbereitung)

Prozeßsicherung in der mechanischen Fertigung
von Gerhard Kranich (in Vorbereitung)

Versuchsmethoden im Qualitäts-Engineering
von Horst Quentin (in Vorbereitung)

Statistische Tolerierung
von Bernd Klein und Frank Mannewitz

Zuverlässigkeitsbewertung zukunftsorientierter Technologien
von Arno Meyna (in Vorbereitung)

Chefsache Qualitätsmanagement
von Viktor Seitschek und Hans-Peter Brutschy
(in Vorbereitung)

Vieweg

Qualitäts- und Zuverlässigkeitsmanagement
herausgegeben von Franz J. Brunner

Bernd Klein · Frank Mannewitz

STATISTISCHE TOLERIERUNG

Qualität der konstruktiven Gestaltung

Mit 72 Bildern

Die Deutsche Bibliothek – CIP-Einheitsaufnahme

Klein, Bernd:
Statistische Tolerierung: Qualität der konstruktiven Gestaltung /
Bernd Klein; Frank Mannewitz. – Braunschweig; Wiesbaden:
Vieweg, 1993
(Qualitäts- und Zuverlässigkeitsmanagement)

NE: Mannewitz, Frank:

Qualitäts- und Zuverlässigkeitsmanagement
Exposés oder Manuskripte zu dieser Reihe werden zur Beratung erbeten
unter der Adresse: Verlag Vieweg, Postfach 58 29, D-65048 Wiesbaden
oder der Adresse des Herausgebers:
Dipl.-Ing. Dr. techn. habil. Franz J. Brunner,
Hans-Acker-Weg 23, D-89081 Ulm, A-1130 Wien, Rohrbacher Str. 13.

Herausgeber:
Univ.-Doz. Dr. techn. Franz J. Brunner, Direktor i.R.,
Qualitäts- und Zuverlässigkeitstechnik der IVECO-FIAT.
Dozent für Qualitäts- und Zuverlässigkeitsmanagement
an der TU Wien und FH Ulm.

Autoren:
Prof. Dr.-Ing. Bernd Klein ist Universitätsprofessor an der Universität/
Gesamthochschule Kassel
Dipl.-Ing. Frank Mannewitz, Universität/Gesamthochschule Kassel

Alle Rechte vorbehalten
© Springer Fachmedien Wiesbaden 1993
Ursprünglich erschienen bei Friedr. Vieweg & Sohn Verlagsgesellschaft mbH,
Braunschweig/Wiesbaden 1993.

Das Werk einschließlich aller seiner Teile ist urheberrechtlich geschützt. Jede Verwertung außerhalb der engen Grenzen des Urheberrechtsgesetzes ist ohne Zustimmung des Verlags unzulässig und strafbar. Das gilt insbesondere für Vervielfältigungen, Übersetzungen, Mikroverfilmungen und die Einspeicherung und Verarbeitung in elektronischen Systemen.

Gedruckt auf säurefreiem Papier
ISBN 978-3-663-19889-5   ISBN 978-3-663-20230-1 (eBook)
DOI 10.1007/978-3-663-20230-1

Vorwort

Qualität ist heute ein auszeichnendes Produktmerkmal, weil es den Stellenwert eines dominierenden Kaufmotivs eingenommen hat. Insofern sind große Anstrengungen nötig, einen hohen Qualitätsstandard zu erreichen und zu sichern.

Die Industrie hat zudem erkannt, daß eine selektive Prüfung nach der Herstellung einfach zu teuer ist und immer mehr zu Wettbewerbsnachteilen führt.

Derzeit werden im deutschen Maschinen- und Fahrzeugbau bereits 8 - 12 % des Umsatzes für qualitätssichernde Maßnahmen aufgewandt. Davon entfallen anteilmäßig 40 % auf Messung und Prüfung, 50 % auf die Beseitigung von Fehlerquellen und nur 10 % auf die Vorbeugung. Weitere Analysen haben gezeigt, daß 70 % aller Fehlerursachen zurückzuführen sind auf das Konzept. Insofern hat es die Konstruktion zu einem großen Teil in der Hand, prozeßfähigere Produkte zu entwickeln und damit die Qualitätskosten zu senken.

Der Schwerpunkt zukünftiger Qualitätsarbeit muß daher in der Prävention liegen. Ein gewichtiger Ansatzpunkt ist hier die *statistische Tolerierung*, da sie hilft, Ausschuß und Nacharbeit bei wirtschaftlichster Fertigung und Montage zu vermeiden. Das vorliegende Buch beabsichtigt, hierzu die Grundlage zu legen und kann als Lehrbuch oder Seminarunterlage zur Weiterbildung von Konstrukteuren dienen.

Kassel, im März 1993   B. Klein
                                                                F. Mannewitz

Inhaltsverzeichnis

Formelzeichen X

1 Einführung 1
    1.1 Toleranzen 3
    1.2 Toleranzprinzip 7
    1.3 Wirtschaftlichkeit im Hinblick auf Qualität 10

2 Geometrische Abweichungen 17
    2.1 Maßtoleranzen 18
    2.2 Form- und Lagetoleranzen 24

3 Methode der absoluten Austauschbarkeit 29
    3.1 Toleranzauslegung 29
    3.2 Maßketten 32
    3.3 Maßplan 35
    3.4 Berechnung der arithmetischen Schließtoleranz in einer linearen
        Maßkette 44

4 Wahrscheinlichkeitsrechnung quantitativer Merkmale 47
    4.1 Grundbegriffe der Statistik 47
    4.2 Verteilungsfunktionen 52
        4.2.1 Diskrete Funktionen, Binomialverteilung 53
        4.2.2 Stetige Funktionen, Normalverteilung 57
        4.2.3 Nichtnormale Wahrscheinlichkeitsverteilungen 70

4.3 Faltung von Verteilungsfunktionen 72
    4.3.1 Abweichungsfortpflanzungsgesetz 75
    4.3.2 Der Zentrale Grenzwertsatz 77

5 Systeme von Zufallsvariablen und deren Berechnung 78
5.1 Lineare Transformation von Zufallsvariablen 78
5.2 Summe unabhängiger normalverteilter Variablen 79
5.3 Summe unabhängiger rechteckigverteilter Variablen 83
5.4 Arithmetische und statistische Berechnung des Schließmaßes einer linearen Maßkette 101
    5.4.1 Vernachlässigung kleiner Toleranzen in einer Maßkette 108
5.5 Anwendung der statistischen Tolerierung an einer mehrgliedrigen linearen Maßkette 109
    5.5.1 Toleranzerweiterung der Einzeltoleranzen 118
5.6 Bestimmung des Reduktions- und Erweiterungsfaktors bei gleich großen Einzeltoleranzen 121
5.7 Simulation einer Bauteilkomplettierung mit dreieckig- und normalverteilten Fertigungstoleranzen 125

6 Nichtlinear verbundene Merkmale und deren Berechnung 135
6.1 Linearisierung von Rechteckfunktionen mit zufälligen Variablen 135
6.2 Linearisierung von normalverteilten Funktionen mit zufälligen Variablen 148
6.3 Berechnung der nichtlinearen Verformung eines Kragarmes unter Berücksichtigung statistischer Gesetzmäßigkeiten 160

7 Überwachung meßbarer Merkmale durch statistische Prozeßregelung (SPC) 167
7.1 Prozeßregelkarten 170

7.2 Ermittlung einer Fertigungsverteilung 174
7.3 Prozeßfähigkeit 177

8 Integration einer statistischen Toleranzangabe in die Fertigungszeichnung .. 180

9 Prozeßfähigere Herstellung von Produkten 183
   9.1 Einfluß und Bedeutung der statistischen Tolerierung für die
       Konstruktion 183
   9.2 Einflüsse der Fertigung auf die statistische Tolerierung 186
   9.3 Neue Aufgabeninhalte für die Qualitätssicherung 189

10 Informationsverbund zwischen CAD und CAQ 192

11 Zusammenfassung 194

12 Literaturverzeichnis 196

13 Anhang A Tabelle 200

    Anhang B Simulation 202

    Anhang C Berechnungsbeispiele 204

14 Sachwortverzeichnis 224

Formelzeichen

C	Mittenmaß (Toleranzmitte)
C_p	Prozeßfähigkeitsindex
C_{pk}	Prozeßfähigkeitsindex unter Berücksichtigung der zentralen Lage
e	Erweiterungsfaktor
EI	unteres Abmaß der Bohrung (früher A_u)
ei	unteres Abmaß der Welle (früher A_u)
ES	oberes Abmaß der Bohrung (früher A_o)
es	oberes Abmaß der Welle (früher A_o)
f(x), g(x)	Wahrscheinlichkeitsdichtefunktion bzw. Häufigkeitsdichtefunktion
F(x)	Verteilungsfunktion der Zufallsvariablen X
F(u)	Flächeninhalt (Wahrscheinlichkeitssumme) von $-\infty$ bis u
G_o	Größtmaß oder Höchstmaß
G_u	Kleinstmaß oder Mindestmaß
M_o	Schließmaß
M_i	i-tes toleriertes Maß
m_i	i-ter mittlerer Fehler
M_P	Paßmaß
n	Stichprobenumfang
$\bar{n}$	mittlerer Stichprobenumfang

N	Losgröße der Gesamtheit
N_i	i-tes Nennmaß
p	Fehleranteil (grenzüberschreitender Anteil) in der Grundgesamtheit oder Wahrscheinlichkeitsverteilung
P_a	Annahmewahrscheinlichkeit
P_c	Mittenschließmaß
P_o	Höchstmaß oder Größtmaß des Schließmaßes
P_u	Mindestmaß oder Kleinstmaß des Schließmaßes
$Q(u)$	Flächeninhalt von u bis ∞
r	Toleranzreduktion
R	Spannweite der Verteilung
T_i	i-te Einzeltoleranz
T_a	arithmetische Schließtoleranz
T_m	mittlere Schließtoleranz
T_q	quadratische Schließtoleranz
T_s	statistische Schließtoleranz
u	standardisierte, normalverteilte Zufallsgröße
u_{1-p}	Gutanteil $1-p$ in σ-Einheiten
x, y, z	Merkmal
x_i, y_i, z_i	i-ter betrachteter Wert x, y bzw. z
X, Y, Z	Zufallsvariable

Maßzahlen für Wahrscheinlichkeitsverteilungen

μ, EX	Mittelwert einer Grundgesamtheit
σ^2, D^2X	Varianz einer Grundgesamtheit
σ	Standardabweichung einer Grundgesamtheit

Maßzahlen für Häufigkeitsverteilungen

$\bar{x}$	Mittelwert aus n-Meßwerten
s^2	Varianz aus n-Meßwerten
s	Standardabweichung aus n-Meßwerten
$\bar{s}$	Mittelwert aus mehreren Standardabweichungen
$\bar{\bar{s}}$	Mittelwert aus m gleich großen Stichproben
$\hat{\mu}$	Mittelwert aus Beobachtungswerten (Schätzwert)
$\hat{\sigma}$	Standardabweichung aus Beobachtungen (Schätzwert)
$\hat{p}$	beobachteter Fehleranteil einer Stichprobe

1 Einführung

Die höhere Komplexität technischer Produkte, neue Technologien und Verfahren, hat in der Industrie zu einer fortschreitenden Arbeitsteilung geführt. Hierdurch war es notwendig Schnittstellen zu definieren, die wiederum die Produkte anfällig gegen Abweichungen (Toleranzen) gemacht haben. Da aber jede industrielle Produktion in ihrem Ergebnis mit Schwankungen behaftet ist, gilt es die Produkte robust gegen diese Abweichungen (s. Bild 1.1) zu machen.

Abweichungen hervorrufende Einflüsse können im allgemeinen zurückgeführt werden auf
- den Menschen,
- die Maschine und Vorrichtung,
- das Material,
- die Methode
und
- die Arbeitsumgebung.

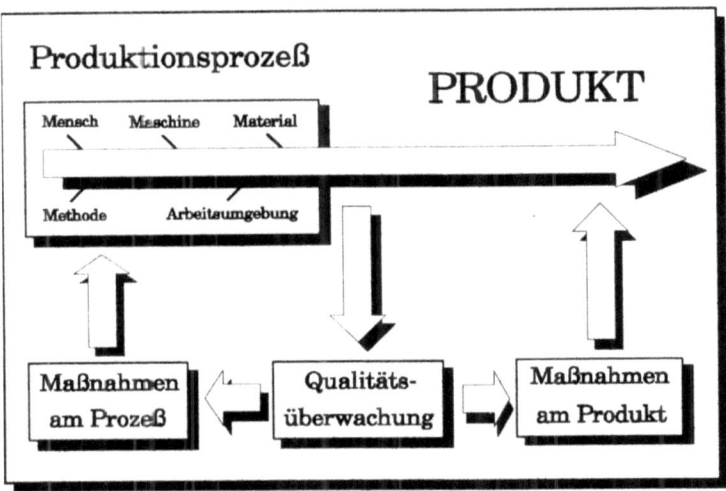

Bild 1.1: Einflußfaktoren auf das Regelsystem eines Produktionsprozesses

Diese Einflüsse stellen Unwägbarkeiten dar und sind somit nur in gewissen Streuungen beherrschbar, oder Produktmerkmale können nur mit Toleranzen garantiert werden. Eine Toleranz darf im allgemeinen aber nur einen gewissen Rahmen ausfüllen, welcher durch einen Maximal- und einen Minimalwert vorgegeben ist, damit der eigentliche Grund der Produktherstellung, nämlich die Erfüllung einer Funktionsaufgabe und die Funktionssicherheit gewährleistet ist. Weitere koalierende Gründe insbesondere für die Definition von Maßtoleranzen sind die Austauschbarkeit serienmäßig hergestellter Bauteile, die wirtschaftliche Aufgliederung des Fertigungsablaufes sowie das Einhalten einer gleichbleibenden Qualität.

Die Größe von Toleranzfeldern und deren Festlegung ist zwangsläufig mit der Fertigungstechnologie sowie einer rationellen Fertigung und Prüfung verbunden. Hierdurch wird wiederum entscheidend

- die Konkurrenzfähigkeit,
- die Qualität,
- das Produktimage,
  und letztlich
- der Produkterfolg

festgelegt. Insgesamt gibt es also direkte Rückwirkungen auf die Stellung eines Unternehmens am Markt.

Trotz der Kenntnis dieser Zusammenhänge werden in der Praxis die Toleranzen meist zu eng festgelegt. Dies ist sicherlich eine Folge des ISA-Passungssystems, das in allen Fällen von der Prämisse der absoluten Austauschbarkeit ausgeht.

In dem vorliegenden Buch soll demgegenüber dargestellt werden, wie unter Einbindung wahrscheinlichkeitstheoretischer Überlegungen, die Toleranzwahl gegenüber der klassisch konservativen Methode wirtschaftlicher begründet werden kann. Ein entscheidender Vorteil ergibt sich dann in der Serienfertigung und Montage, durch die Ausschöpfung größtmöglicher Toleranzen, was einer *Entfeinerung von Produkten* gleichkommt.

1.1 Toleranzen

Bei der Herstellung von Produkten ist es nicht nur wichtig, auf die Aspekte einer maßgetreuen und kostengünstigen Herstellung unter vorgegebenen Qualitätsnormen zu achten, sondern auch den Gesichtspunkten der Paarbarkeit, Austauschbarkeit und Montage von anzufertigenden Produkten ist entsprechende Aufmerksamkeit entgegenzubringen. Dies gilt ganz besonders für Bauteile, die im weiteren Verlauf in ein System eingehen und dort Funktionsaufgaben wahrzunehmen haben.

Aus diesen und anderen Gründen wuchs nach dem wirtschaftlichen Aufschwung des Ersten Weltkrieges und der zunehmenden Industrialisierung das Interesse an einer Normung, die auch in anderen Staaten und nicht nur in Europa Gültigkeit haben sollte.

Dem Verlangen folgend, eine Normung nicht nur allein auf die Bedürfnisse eines Landes abzustellen, sondern auf internationaler Basis zu betreiben, wurde 1926 die International Federation of the National Standardizing Association (ISA) gegründet. Die Arbeitsergebnisse der ISA sind Vorschläge bzw. Empfehlungen für die nationalen Normausschüsse. (Auf DIN-Normen, die mit ISA-Vorschlägen übereinstimmen, ist dies angegeben.) Unter den damaligen Ergebnissen internationaler Gemeinschaftsarbeit stehen die ISA-Passungen wohl an erster Stelle.

Nach dem Zweiten Weltkrieg entstand unter der Bezeichnung "International Organization for Standardization" (ISO) die neue internationale Normungsgemeinschaft. In dieser Gemeinschaft ist die Bundesrepublik Deutschland 1952 als Mitglied aufgenommen worden. Die innerhalb dieses Gremiums ausgearbeitete Normung für die Toleranzen dient der Zuverlässigkeit der Bauelemente und der Baugruppen. Diese Zuverlässigkeit gliedert sich auf in:

- Qualität,
- Austauschbarkeit,
- Herstellbarkeit,

- Montagesicherheit,
- Funktion,
- wirtschaftliche Herstellung,
- Lebensdauer

und

- Sicherheit der Bauelemente/Baugruppen.

Die wohl wichtigsten Normen, die im weitesten Sinne der Zuverlässigkeitssicherung industriell hergestellter Produkte dienen, sind in tabellierter Form im umseitigen Bild 1.2 aufgelistet worden. Man kann so ohne weiteres feststellen, daß der Ausführungsqualität große Bedeutung beigemessen wird.

1 Einführung

NORM		JAHR	INHALT
1. Tolerierungs-grundlagen	DIN ISO 286 T1 + 2	1990	Toleranzen und Passungen (ersetzt u.a. DIN 7182 T1)
2. Form- und Lagetoleranzen	DIN ISO 1101	1985	Form- und Lagetoleranzen
	DIN ISO 8015	1986	Unabhängigkeitsprinzip
	DIN 7167	1986	Hüllprinzip ohne Zeichnungseintragung
	DIN ISO 5459	1982	Bezüge und Bezugssysteme
3. Allgemein-toleranzen	DIN ISO 2768 T1	1991	Allgemeintoleranzen: Länge, Winkel
	DIN ISO 2768 T2	1991	Allgemeintoleranzen: Form und Lage
4. Maßverkettungen	DIN 7186 T1	1974	Statistische Tolerierung: Begriffe, Anwendungs-richtlinien
	DIN 7186 T2/E	1980	Statistische Tolerierung: Grundlagen für Rechenverfahren
	DIN ISO 2692	1990	Maximum-Material-Prinzip
5. Oberflächen	VDI/VDE 2601	1977	Oberfläche und Funktionstauglichkeit
	DIN ISO 1302	1980	Angabe der Ober-flächenbeschaffenheit

Bild 1.2: Normen zu Toleranzen

Ein hoher Erfüllungsgrad bei den zuvor angeführten Kriterien ist mittlerweile selbstverständlich geworden und trotz vorkommender Toleranzen zu gewährleisten. Es ist auch ein besonderes Prinzip der japanischen Robust-Design-Philosophie, die Toleranzen so zu wählen, daß hierdurch Produktmerkmale und Leistungskriterien nicht negativ beeinflußt werden.

Eine Toleranz umfaßt dabei immer die zulässigen Abweichungen von einem geforderten Wert, d.h. einen Bereich zwischen einem oberen und einem unteren Grenzwert, innerhalb dessen eine einwandfreie Funktion eines Bauteiles oder einer Baugruppe noch gewährleistet werden kann und eine gewisse Nutzungssicherheit besteht. Meist können aber diese Grenzen nicht eindeutig festgelegt werden und sind insofern etwas willkürlich. Die DIN 7182 sagt über die Toleranzen grundsätzlich aus:

"Bei der Herstellung eines Bauteiles werden seine Abmessung nie genau gleich den vorgeschriebenen Maßen. Da also stets Abweichungen von den vorgeschriebenen Maßen auftreten, ist es notwendig, sofern es der Verwendungszweck verlangt, Grenzen festzulegen, zwischen denen die Maße beliebig liegen dürfen.

Maßgebend für die Festlegung der Grenzen ist die Sicherung des Verwendungszwecks. Aus wirtschaftlichen Gründen /7/ sind die Toleranzen so groß wie möglich zu wählen."

Da heute weite Bereiche der Industrie über zu hochwertige Toleranzen (Übergenauigkeit) und demzufolge aufwendige Fertigungen und Montagen klagen, soll nachfolgend dieses Problem mit der Hilfstechnik der statistischen Tolerierung angegangen und anhand einfacher Beispiele erläutert werden, wie dieser Kreislauf aufzubrechen ist. Ziel ist es, ohne Verschlechterung der Funktionalität zu weitest möglichen Einzel- und Schließmaßtoleranzen zu kommen.

1.2 Toleranzprinzip

Liegen die erzeugten Istmaße nicht genau beim Sollwert, aber innerhalb des Toleranzfeldes, dann handelt es sich per Definition um eine zulässige Abweichung. Liegen die Istmaße jedoch außerhalb des Toleranzfeldes, dann ist dies eine unzulässige Abweichung. Diese unzulässige Abweichung wird allgemein als Fehler bezeichnet und führt zur Klassifikation des Ausschusses. Das Merkmal der Abweichung ist im Bild 1.3 visualisiert.

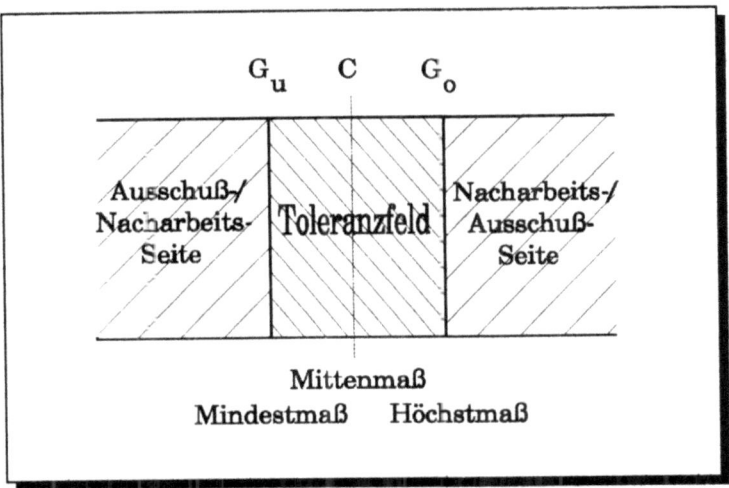

Bild 1.3: Toleranzprinzip

Ein Fehler sagt aber nichts über die Brauchbarkeit bzw. Unbrauchbarkeit eines Bauteiles aus, welches diesen einen oder mehrere Fehler aufweist. Bauteile, die sich jedoch im späteren Betrieb als unbrauchbar erweisen, waren sicherlich technologisch falsch ausgeführt.

Die über eine Stichprobe festgestellten Bauteile, die einen geringen Fehleranteil besitzen, haben aufgrund der Wahrscheinlichkeit auch nur eine geringe Abweichung der Istmaße vom Grenzwert (Höchst- bzw. Mindestmaß), daher ist die Annahmewahrscheinlichkeit $P_a \geq 90\%$.

Dieser Fehleranteil wird als AQL (acceptable quality level) bezeichnet. Analog zu diesem geringen Fehleranteil, innerhalb einer quantitativen Stichprobe, gibt es den mit größerem Fehleranteil. Da hier Istmaße auch mit größerer Entfernung vom Grenzwert existieren, ist die Annahmewahrscheinlichkeit $P_a \leq 10\%$. Dieser Fehleranteil wird als LQ (limiting quality) bezeichnet /6/.

Aufgrund verschiedener Veröffentlichungen in den fünfziger und sechziger Jahren, die sich mit der Toleranzauslegung nach wahrscheinlichkeitstheoretischen Gesichtspunkten beschäftigten, brachte im August 1974 der Deutsche Normenausschuß (Ausschuß Toleranzen und Passungen) die DIN 7186, Blatt 1 heraus. Diese DIN mit dem Titel "Statistische Tolerierung" (Begriffe, Anwendungsrichtlinien und Zeichnungsangaben), sollte dem Konstrukteur die Möglichkeit einer besseren Berücksichtigung der Fertigungsgegebenheiten bieten. Mit ihrer Anwendung sind auch in den meisten Fällen (Serienfertigung) wirtschaftliche Vorteile verbunden. Diese Norm sagt u.a. aus:

"Immer wenn mehrere Längenmaße oder auch andere Meßgrößen ein für die Eigenschaft des Erzeugnisses bestimmendes Maß bilden - in der Norm als Schließmaß bezeichnet - sollte statistisch toleriert werden."

In dieser Norm werden die arithmetische und quadratische Toleranzrechnung als Grenzfälle der statistischen Toleranzrechnung behandelt. Ziel ist es, gerade in der Serienfertigung zu einer extrem kostengünstigen Herstellung bei guter Ausführungsqualität zu kommen. Die damit verbundene Einführung in die Industrie, auch aufgrund der Miniaturisierung der Bauteile und der immer kleiner werdenden Toleranzen, stellt sich somit heute als ein dringendes Gebot dar.

Da sich der Inhalt dieser Norm nur auf Begriffe und Anwendungsrichtlinien der statistischen Tolerierung und Zeichnungseintragung für statistische Toleranzen beschränkt, war beabsichtigt die Norm mit Teil 2, die sich mit den Rechenverfahren und den dazugehörigen Anwendungsbeispielen sowie einer Zusammenfassung geeigneter Prüfverfahren befaßt, zu erweitern. Dieser Teil 2, mit dem Titel "Statistische Tolerierung" (Grundlagen für Rechenverfahren), ist dann auch im Januar 1980 erschienen, jedoch nur als Entwurf. Man hatte die Absicht, interessierte Industriebetriebe zu Stellungnahmen, die der Weiterarbeit an dieser Norm dienlich sein könnten, zu bewegen. Jedoch entschloß sich der DIN-Unterausschuß für statistische Tolerierung, welcher keine Einigung über die didaktische Präsentation des Inhaltes erzielen konnte, den Teil 2 kurz darauf wieder zurückzuziehen.

Damit ist wahrscheinlich auch zu erklären, daß die DIN 7186, Blatt 1, noch weitgehend in der Industrie unbekannt ist und dementsprechend auch nicht die erhoffte Resonanz und Anwendung gefunden hat.

Diese nur sehr geringe oder meist gänzliche Nichtbeachtung der statistischen Tolerierung in der Praxis, setzt die bei der Anwendung möglichen wirtschaftlichen Vorteile natürlich nicht außer Kraft. Um die gewichtigen Vorteile für die moderne Konstruktion, Fertigung wie auch Qualitätssicherung zu nutzen, soll das Ziel dieses Manuskriptes sein, aus der bisherig veröffentlichten Literatur die Schwierigkeiten, die sich beim Erarbeiten der Norm darstellten, auszuräumen und anhand von Beispielen die Nutzung der statistischen Tolerierung zu veranschaulichen.

Mit der weiteren Erforschung und Aufarbeitung der Problematik bietet es sich an, diese Theorie in CAD-Systeme zu implementieren, um einem weiten Kreis von Konstrukteuren die Möglichkeiten, statistisch zu tolerieren, erschließen zu helfen.

1.3 Wirtschaftlichkeit im Hinblick auf Qualität

Die unternehmerischen Ziele bei der Konstruktion und Herstellung eines Produktes sollten sein:

- Konkurrenzfähigkeit gegenüber Mitwettbewerbern,
- hohe Qualität
  und
- niedrige Kosten.

Diese drei Teilziele bewirken in der Folge auch eine Erhöhung des Nutzens für den Anwender. Betrachtet man die Qualität, im Zusammenhang mit der Herstellung eines Produktes, so kann diese in die folgenden Teilbereiche aufgegliedert werden:

- Entwurfsqualität,
- Qualität der Fertigungsanweisungen,
- Qualität des Vormaterials,
- Fertigungsqualität,
- Qualität der Prüfung,
- Montagequalität,
- Lager- und Versandqualität
  sowie
- Servicequalität.

Ausgehend vom Entwurf eines Produktes und selbst über die Stadien der qualitativen Ausführung, ist mehr oder weniger eine Person - unabhängig von der Ausführung der nachgelagerten Tätigkeiten der anderen Fachbereiche - für den Aufwand ihrer Arbeit mitverantwortlich, und zwar der *Konstrukteur*.

1 Einführung

Der Konstrukteur beeinflußt mit seiner Festlegungskompetenz:

- Welches Material eingesetzt wird,
- welche Bearbeitungsverfahren angewandt werden,
- welche Genauigkeit notwendig ist,
- wie und wo geprüft wird,
- wie und was montiert wird,
- wie gegebenenfalls gelagert wird

   und auch
- wie oft und in welchen Intervallen die Zuverlässigkeit nachgeprüft wird.

Insofern muß er sich indirekt stets mit der Qualität auseinandersetzen.
Was aber ist Qualität ?:

"Ist es das Verhältnis zwischen Forderung - Zweck - und Kosten",
oder ist Qualität, mehr philosophisch ausgedrückt:

"Die Beschaffenheit eines Dinges, die sich durch seine Eigenschaften zeigt".

Eine sehr weitgehende Definition hat beispielsweise Goubeaud /21/ gewählt, indem er sagt:

"Qualität ist das Beste für den vorliegenden Zweck."

Greift man diese Definition auf, so stellt sich weiter die Frage:

Wie kann das Beste hergestellt werden, also welcher Aufwand ist notwendig und was kostet das Beste ?

Zollikofer /39/ entwickelte aufgrund von empirisch ermittelten Werten ein Modell zur Darstellung der Verknüpfung zwischen Qualität und Aufwand. Diese Untersuchungen haben immer zu einem progressiven Kurvenverlauf zwischen Qualität und Aufwand geführt (s. Bild 1.4). Vereinfacht kann so festgestellt werden, daß Aufwand gleich Kosten ist und diese proportional zu 1 / Toleranz sind.

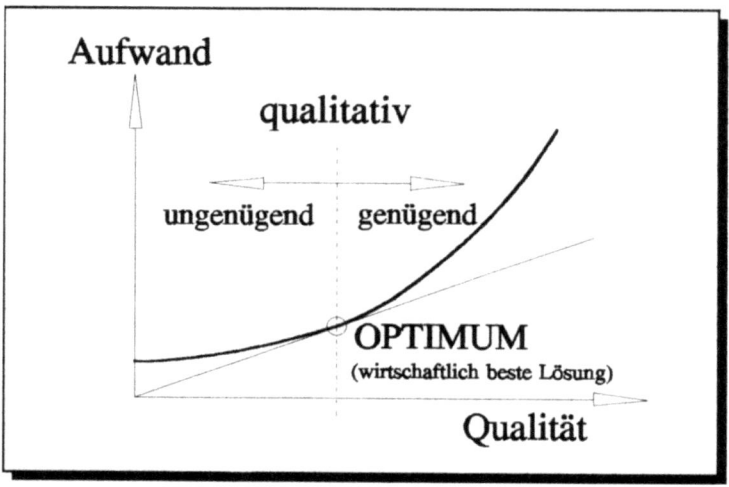

Bild 1.4: Verknüpfung zwischen Qualität und Aufwand /39/

Im Bild 1.4 ist ein geometrisch einfach beschreibbarer Punkt hervorgehoben, der die wirtschaftlich beste Lösung charakterisieren soll.
Vielfältige Untersuchungen haben gezeigt, daß die Qualität im Bereich unterhalb dieses Punktes in bezug zum Aufwand, qualitativ ungenügend ist. Dementsprechend oberhalb des Punktes, qualitativ genügend. Dieses Optimum muß somit aufgrund wirtschaftlicher Gesetzmäßigkeiten in den Bereichen Entwicklung und Fertigung angesteuert werden.

Wirtschaftliche Fertigungskosten zum Herstellen eines Produktes beinhalten eine richtige Toleranzwahl (so gut wie nötig und nicht so gut wie möglich) bei richtiger Festlegung des Vollendungsgrades. Hierbei kommt der Fertigung die besondere Aufgabe zu, ein Gleichgewicht zwischen zufriedenstellender Qualität und den dabei entstehenden Kosten herzustellen.

1 Einführung

Dieses soll an dem folgenden Beispiel von Bild 1.5 noch einmal verdeutlicht werden: Ein Ring, dessen Innendurchmesser 80 mm beträgt, soll in unterschiedlichen Qualitätsstufen, sprich Toleranzklassen, angefertigt werden. Dabei ist die sich aus der Qualitätsstufe ergebende Relativkostenzahl über der Toleranz des Innendurchmessers aufgetragen.

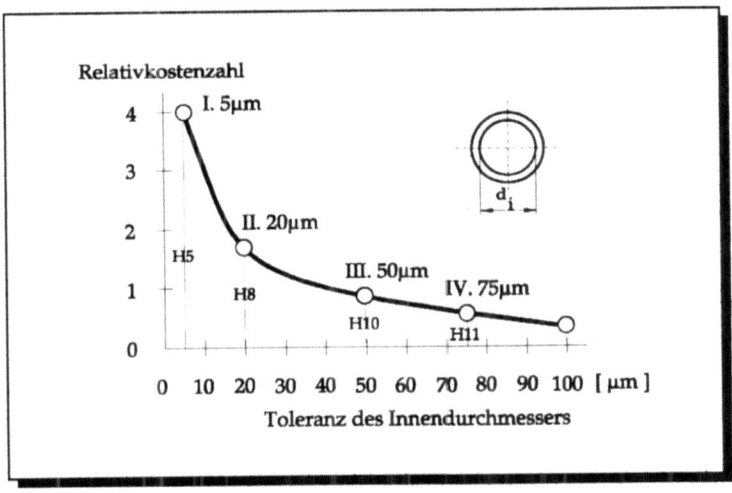

Bild 1.5: Abhängigkeit von Toleranz und Kosten /5/

Die Relativkostenzahl ist dabei eine Vergleichsgröße, die einer Qualitätsstufe den jeweiligen Kostenaufwand zuordnet, um diese dann untereinander vergleichbar machen zu können.
Das bedeutet für das Beispiel und nach der Aufgabenstellung von Bild 1.6, daß die Herstellung des Innendurchmessers von 80 mm mit einer Toleranz der Passung H5, 3mal so teuer ist, als wenn man diesen nach der Passung H10 fertigen würde. Dieser größere Kostenaufwand resultiert aus den mehreren und aufwendigeren Bearbeitungsgängen, die das Fertigen mit einer geringeren Toleranz überhaupt möglich macht.

Verlangte Toleranz (mittleres Spiel)	Passungs-möglichkeit	Bearbeitungsverfahren Welle	Bohrung
I.) $T_m = 5\ \mu m$	H5 / h5	gedreht geschliffen geläppt	gebohrt geschliffen gehont
II.) $T_m = 20\ \mu m$	H8 / h8	gedreht geschliffen	gebohrt geschliffen
III.) $T_m = 50\ \mu m$	H10 / h10	gedreht	gebohrt gerieben
IV.) $T_m = 75\ \mu m$	H11 / h11	Halbzeug blank gezogen	gebohrt

<u>Bild 1.6</u>: Zusammenhang zwischen Bearbeitungsverfahren und Qualitätsstufen

Deutlich ist am Kurvenverlauf in Bild 1.5 zu erkennen, welche progressive Kostensteigerung innerhalb der Fertigung es nach sich zieht, um von einer Qualitätsstufe in die nächst höhere zu wechseln.

Diese wesentliche Kostensteigerung hängt beim Vergleichsmaßstab der Fertigungskosten von der weniger anfallenden Schruppzeit bei geringeren Toleranzen ab. Die Zunahme der Kosten für engere Toleranzen ist einsichtig, wenn zusätzliche Fertigungsverfahren nötig werden, wie z.B. Schleifen, Läppen und Honen.

Da jedes Verfahren eine Grenze erreichbarer Maßtoleranzen hat, muß man betriebsintern feststellen, mit welcher Werkzeugmaschine bzw. welchem Fertigungsverfahren welche Toleranz zu erzielen ist.

Unter der Berücksichtigung der Größe der herzustellenden Bauteile und der hiervon abhängigen Herstellkosten, stellt sich mit der Zunahme ihrer Größe ein Abfall der Qualitätskosten ein. Dies liegt an dem höheren Werkstoffkostenanteil und den dabei relativ zurückgehenden Fertigungskosten.

1 Einführung 15

Graphisch ist in Bild 1.7 eine Kostenschätzung veranschaulicht. Zehn verschiedene Firmen haben hier für die Herstellung von Zahnrädern in unterschiedlichen Qualitätsstufen (4 bis 7 nach DIN 3961 bis 3967) eine Kalkulation erstellt und Herstellkosten angegeben.

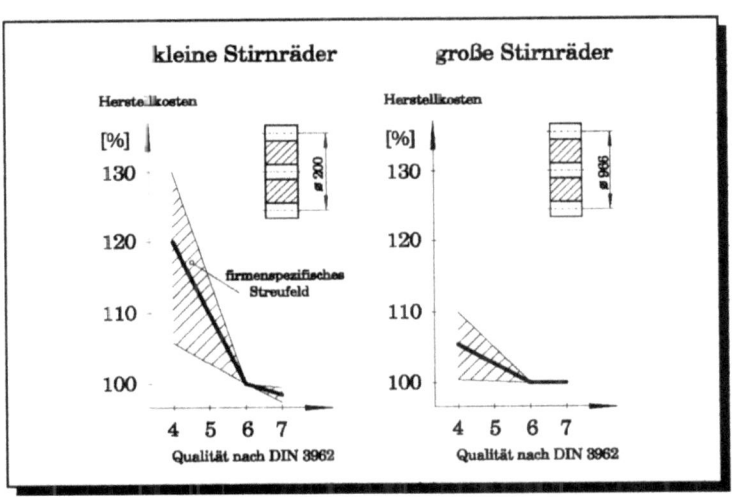

Bild 1.7: Einfluß der Verzahnungsqualität auf die Herstellungskosten von Stirnrädern aus 16 Mn Cr 5 /5/

Der hier dominante Einfluß der Qualität auf die Herstellungskosten, zeigt trotz unterschiedlicher Firmenvoraussetzungen die gleiche Tendenz im Kostenanstieg.

Bezieht man sich hier auf einen Teilkreisdurchmesser von 200 mm und einer Ausgangsqualitätsstufe von 6, die zu 100 % gesetzt wird, so führt eine Qualitätsverbesserung zur Qualitätsstufe 4 zu einen Mehrkostenaufwand zwischen 5% und 35%. Dabei setzt sich das Streufeld der Herstellungskosten aus den Zeitunterschieden beim Schleifen der Zahnflanken von 1:4 selbst beim Einsatz gleicher Schleifmaschinen zusammen.

Der kausale Zusammenhang von Fertigungskosten und Qualität sollte es, ausgehend von wahrscheinlichkeitstheoretischen Überlegungen, der Fertigung ermöglichen, einen größeren Toleranzspielraum zu gewähren und damit zu einer Kostensenkung beizutragen.

2 Geometrische Abweichungen

In der Realität hat jedes Werkstück seine Eigenheiten, die es von ähnlichen oder anderen Werkstücken unterscheidet. Zu den wesentlichen Unterscheidungsmerkmalen sind die bestimmenden

- chemischen,
- mechanischen
  und
- geometrischen

Kennwerte zu zählen.

Die chemischen Eigenschaften eines Werkstückes geben gewöhnlich Aufschluß über seine stoffliche Zusammensetzung und ermöglichen Rückschlüsse auf seine Gefügestruktur. Die mechanischen Eigenschaften geben eine Information über die Elastizität und die Festigkeit und erlauben eine Einschätzung der Belastbarkeit eines Werkstückes. Ergänzend ermöglicht noch die Härte eine Einstufung bezüglich der Bearbeitbarkeit.

Über die Bearbeitung erhält im Regelfall ein Werkstück sein Form. Form ist hier der Oberbegriff für die Gestalt, die durch die Vermaßung bzw. die Maße gegeben ist.

Abweichungen von diesen geometrischen Kennwerten sind in Normen für Maß-, Form- und Lagetoleranzen dokumentiert. Diese sind für Grenzmaße und Passungen z.B. in der DIN ISO 286 und für die Form- und Lagetolerierung z.B. in der DIN ISO 1101 definiert. Anhand dieser und anderer Normen können die geometrischen Eigenschaften von Werkstücken eindeutig beschrieben und eingeordnet werden. Womit dann auch eine Bezugsbasis für die Abweichungen des Istzustandes gegenüber einem Sollzustand besteht.

2.1 Maßtoleranzen

Ein geometrischer Körper wird durch seine räumliche Ausdehnung beschrieben. Diese sind gewöhnlich Länge, Breite und Höhe des Körpers, seine sogenannten Hauptabmessungen. Diese Abmessungen werden üblicherweise als Maße bezeichnet. Grundsätzlich werden zwei Arten von Maßen unterschieden, die Längen- und die Winkelmaße.

Nach der DIN ISO 286 ist ein Maß, "eine Zahl, die in einer bestimmten Längeneinheit den Wert eines Längenmaßes ausdrückt". Über die Maßtoleranz sagt die DIN u.a. aus, diese sei, "die Differenz zwischen dem Höchstmaß und dem Mindestmaß, also auch die Differenz zwischen dem oberen und dem unteren Abmaß".

An einem Werkstück können nun unterschiedliche Arten von Maßen auftreten, siehe Bild 2.1, wie z.B.:
- Längenmaß,
- Wellenmaß (Außenmaß),
- Tiefenmaß (Höhe, Tiefe),
- Bohrungsmaß (Innenmaß) u.a.

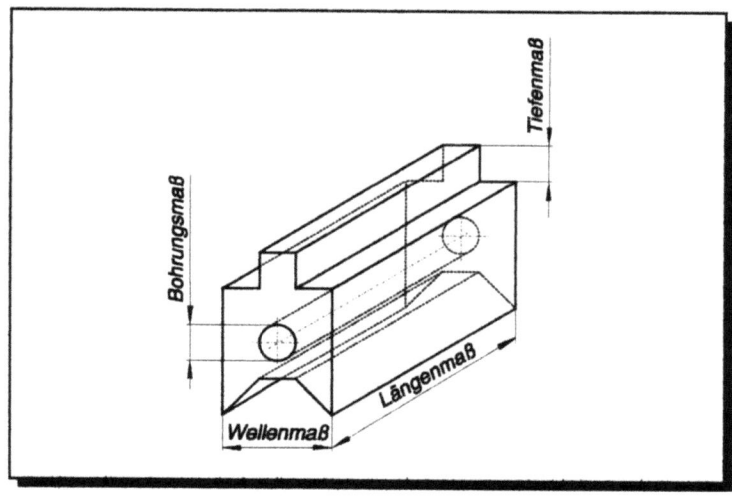

Bild 2.1: Verschiedene Arten von Maßen

2 Geometrische Abweichungen

Wird z.B. ein Längenmaß durch eine Messung ermittelt, dann ist das Ergebnis dieser Messung das *Istmaß* dieser Länge.

Theoretisch ermittelt der Konstrukteur eine Zielgröße für das Maß, das sogenannte *Sollmaß*. Von diesem Sollmaß darf das Istmaß nur so wenig wie möglich abweichen.

Da die Zielgröße des Sollmaßes in der Fertigung nicht kontinuierlich, und zwar aus wirtschaftlichen und technischen Gründen eingehalten werden kann, sind Abweichungen des Istmaßes von dem des Sollmaßes zulässig. Hierbei wird die Größe der zulässigen Abweichungen, die Toleranzen, durch die Funktion und die Herstellung des Erzeugnisses bestimmt. Diese zulässigen Abweichungen beschreiben durch ihre Maximal- und Minimalmaße die sogenannten Grenzmaße, d.h. die Größe eines Toleranzfeldes.

Nach dieser Definition ist die Toleranz die Differenz zwischen Höchst- und Mindestmaß. Das arithmetische Mittel zwischen den beiden Grenzmaßen ist dann das Toleranzmittenmaß, siehe Bild 2.2.

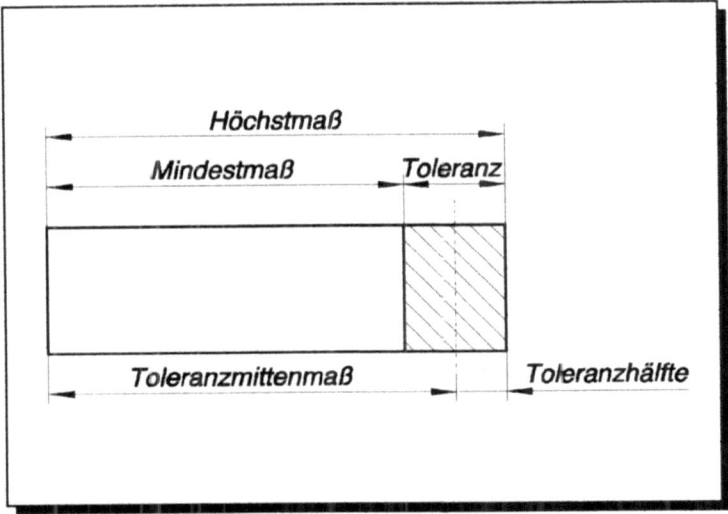

Bild 2.2: Zusammenhang zwischen den Grenzmaßen und der Toleranz

Gemäß der vorstehenden Beschreibung kann man den Istzustand eines Werkstückes aus maßlicher Sicht als den Anforderungen genügend bezeichnen, wenn sich das Istmaß innerhalb der Grenzmaße befindet.

Trifft dieses zu, so bezeichnet man demgemäß das Werkstück als *maßhaltig*.
Wird hingegen von dem Istmaß ein Grenzmaß überschritten, so spricht man von *nichtmaßhaltig*. Diese Werkstücke werden im folgenden dann als Nacharbeit bzw. als Ausschuß klassifiziert.

Da bei einer allgemeinen Betrachtung, die Abweichung gleich der Differenz von Ist- und Sollmaß ist, stellt die Größe der Abweichung gleichzeitig eine Gütebewertung des Istzustandes dar. Das bedeutet, daß die Abweichung kleiner sein muß als die Toleranz.

Abgeleitet wird die zulässige Abweichung durch die Grenzmaße mit Hilfe der oberen und unteren Abmaße vom *Nennmaß*. Das Nennmaß ist die Bezugskomponente eines Maßes und ist noch einmal in Bild 2.3 in seinen Restriktionen verdeutlicht.

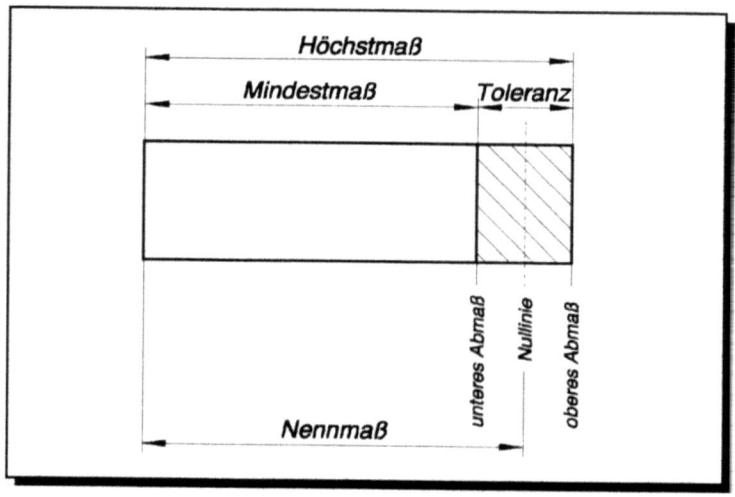

Bild 2.3: Definition des Nennmaßes

2 Geometrische Abweichungen

Für die Darstellung des Toleranzfeldes wurde die Schraffur gewählt, wobei gilt, daß ein *Bohrungstoleranzfeld nach rechts oben* und ein *Wellentoleranzfeld nach links oben* zu schraffieren ist.

In der Konstruktionszeichnung werden die Angaben der Toleranzen, die sogenannten Maßtoleranzen, dann nach dem ISO-Toleranzsystem DIN ISO 286 T1/2 oder bei gröberen Toleranzen unter Anwendung der Allgemeintoleranzen nach DIN ISO 2768 (früher 7168) eingetragen.

Bei dem ISO-Toleranzsystem wird ein Grundtoleranzgrad als ein allgemeiner Kennwert für die Größenangabe eines Toleranzfeldes gewählt. Dieser Toleranzgrad verkörpert eine nennmaßunabhängige Toleranzangabe. Hierbei wird der Grundtoleranzgrad mit den Buchstaben IT (internationale Toleranz) und einer nachfolgenden Zahl gekennzeichnet. Aufgeschlüsselt entsprechen die Buchstaben IT dann der Grundtoleranz und die Zahl dem Toleranzgrad.

Oftmals wird der Toleranzgrad auch als Qualität bezeichnet. Dieses entspricht, wie vorab bemerkt, einer nennmaßunabhängigen Toleranzangabe. Wird hingegen eine nennmaßabhängige Toleranzangabe verlangt, so wird das Kurzzeichen IT durch ein Buchstabensymbol, z.B. H ersetzt. Damit wird aus dem Grundtoleranzgrad eine Toleranzklasse.

Die somit möglichen Toleranzkennzeichnungen sind zur Erläuterung nochmals im nachfolgenden Bild 2.4 zusammengestellt.

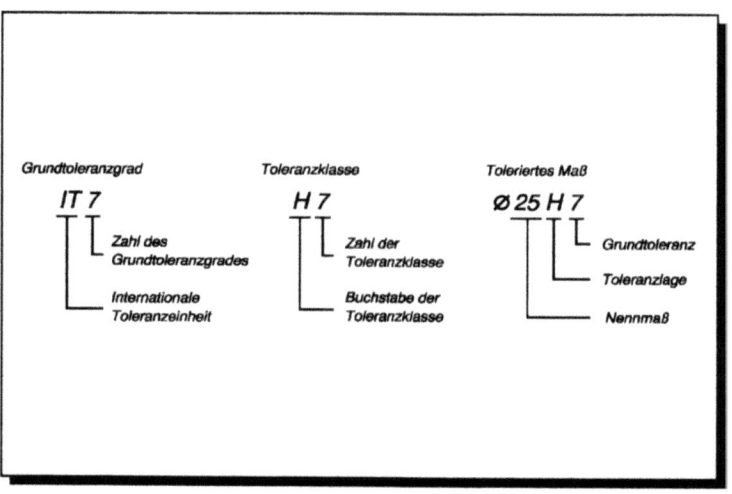

Bild 2.4: Toleranzkennzeichnung nach dem ISO-Toleranzsystem

Die Toleranzlage (Toleranzfeldlage) kennzeichnet die Lage des Toleranzfeldes zur Nullinie. Hierfür werden Großbuchstaben zur Kennzeichnung von *Bohrungen (A bis ZC)* und Kleinbuchstaben für *Wellen (a bis zc)* verwendet.

Die Grundtoleranzgrade sind in 18 (20) Gruppen eingeteilt. Die Grade reichen von IT1 bis IT18, sowie den beiden Graden IT0 und IT01, die jedoch nicht für die allgemeine Anwendung vorgesehen sind.
Hierbei sind die Grundtoleranzgrade für die verschiedenen Anforderungen wie folgt strukturiert:

- IT1 bis IT4   Lehren;
- IT5 bis IT11   maschinenbautypische und mechanisch bearbeitende Teile;
- IT12 bis IT18   gröbere Funktionsanforderungen.

Bei der Wahl der Toleranzen hat der Konstrukteur das Spannungsfeld zwischen Funktionserfüllung und Fertigungskosten auszumitteln. Meist entscheidet er sich für die sichere Funktionserfüllung und wählt im Zweifel die Toleranzen zu eng. Oft ist er sich nicht bewußt, welche Einschnitte dies für die Herstellung bedeutet oder welche Kostenrelevanz damit verbunden ist.

So hat es vielfältige Untersuchungen im Maschinenbau gegeben, in welchen Situationen welche Toleranzen angemessen sind, und zwar wenn es sich um

- funktionsbeeinflussende Maße wie Drehpunkte,
- Stichmaße und Abstände,
- beanspruchungsbestimmende Maße wie Wanddicken,
- montagekritische Maße wie Passungen etc.

handelt. Auch hier wird man feststellen, daß die Toleranzwahl von der Prämisse der absoluten Austauschbarkeit bestimmt ist. Notgedrungen führt dies dann zu engen Grenzen und hat somit hochwertige Fertigungsverfahren mit hohen Bearbeitungskosten zur Folge.

Die Tolerierung und die Ausschöpfung der Möglichkeiten gibt somit die Basis ab für eine wirtschaftliche Produktkonstruktion.

2.2 Form- und Lagetoleranzen

Das DIN-ISO-Normenwerk faßt die Begriffe *Formtoleranzen* und *Lagetoleranzen* auch unter dem Begriff *Geometrische Toleranzen* zusammen. Dieses führt jedoch oftmals zu Mißverständnissen, weil darunter auch Maßtoleranzen verstanden werden können, für die jedoch andere Toleranzgrundsätze maßgebend sind.

Die DIN ISO 1101, welche sich mit der Form- und Lagetolerierung auseinandersetzt, sagt u.a. aus, "werden Form- und Lagetoleranzen angegeben, so bedeutet dies nicht, daß ein bestimmtes Fertigungs-, Meß- oder Prüfverfahren angewendet werden muß".

Eine Form- und Lagetoleranz beschreibt einen Bereich, in dem ein Bauteil (Fläche, Achse oder Mittelebene) liegen muß. Allgemein dienen sie dazu, die Funktionen von Bauteilen und Baugruppen zu gewährleisten und mit zur Austauschbarkeit beizutragen. Eingetragen werden sie in die Fertigungszeichnung nur dann, wenn sie für die Funktion und/oder die wirtschaftliche Herstellung eines Bauteiles unerläßlich sind.

Ein Bauteil setzt sich im allgemeinen aus einzelnen geometrischen Formelementen zusammen. Geometrische Elemente können sichtbare Elemente (z.B. Kanten, Punkte oder Flächen) oder unsichtbare Elemente (z.B. Achsen, Ebenen oder Mittellinien) sein, jedoch müssen sie einen Einfluß auf die Funktionstüchtigkeit haben. Diese geometrischen Elemente bilden somit die Bezugsbasis einer aus einzelnen Elementen gefügten Gesamtheit eines Bauteiles oder einer Baugruppe.
Dabei gilt, daß sich die Formtoleranzen aus dem tolerierten Element zusammensetzen und die Lagetoleranzen aus dem tolerierten Element und dem zugehörigen Bezugselement.

Grundsätzlich begrenzen *Formtoleranzen* die zulässige Abweichung eines Elementes von seiner geometrisch idealen Form.

2 Geometrische Abweichungen

Dieses kann z.B. die Geradheit einer Achse sein, wie in Bild 2.5 aufgezeigt. Hier ist eine Hülse dargestellt, deren Achse des äußerer Durchmessers (Zylinder) innerhalb von 0,05 mm liegen soll.

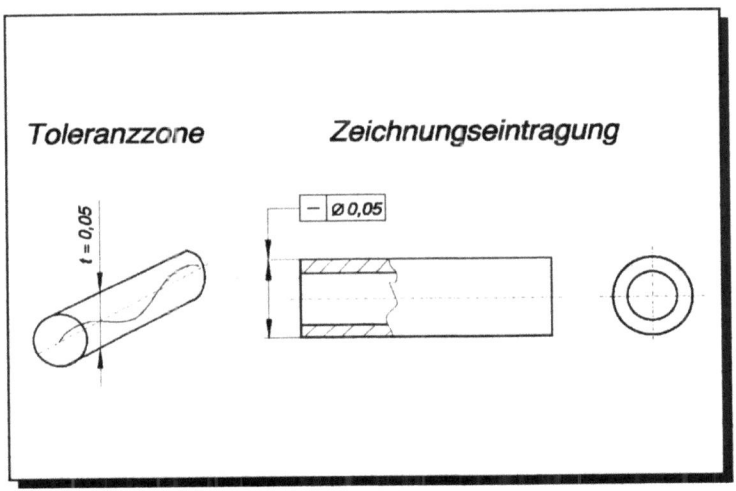

Bild 2.5: Formtoleranzeintragung der Geradheit einer Achse

Die in der Abbildung angeführte *Toleranzzone* ist die Zone, innerhalb derer alle Punkte, Flächen, Mittellinien oder wie in diesem Fall Linien, liegen sollen.

Formelemente können, wie vorab bereits erwähnt, unterschiedlichen Charakters sein. So würde beispielsweise die Formtolerierung einer Fläche bei einer Forderung der Ebenheit von 0,03 mm, wie in Bild 2.6 aufgezeigt, sich folgendermaßen darstellen.

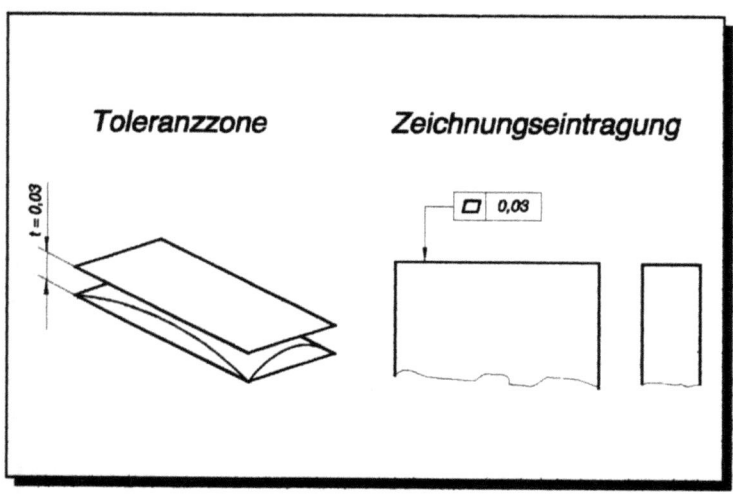

Bild 2.6: Formtoleranzeintragung der Ebenheit einer Fläche

Unter einer allgemeinen Betrachtung sind Formtoleranzen nach /44/ in folgende zu tolerierende Eigenschaften unterteilt, und zwar:

- Geradheit,
- Ebenheit,
- Rundheit,
- Zylindrizität,
- Profil einer beliebigen Linie
und
- Profil einer beliebigen Fläche.

Hingegen gliedern sich die *Lagetoleranzen* in

- Richtungs-,
- Orts-

2 Geometrische Abweichungen

und
- Lauftoleranzen

auf.

Die zu diesen Toleranzen gehörigen zu tolerierenden Eigenschaften sind jeweils für die

Richtungstoleranzen
- Parallelität,
- Rechtwinkligkeit
und
- Neigung;

Ortstoleranzen
- Position,
- Konzentrizität und Koaxialität
und
- Symmetrie;

Lauftoleranzen
- Lauf
sowie
- Gesamtlauf.

Lagetoleranzen sind, wie oben angeführt, Richtungs-, Orts- und Lauftoleranzen. Sie begrenzen die zulässigen Abweichungen von der idealen Lage zweier oder mehrerer Elemente zueinander, von denen meist eines als Bezugselement festgelegt wird.

Ein *Bezugselement* ist dasjenige geometrische Element, das bei der Angabe einer Lagetoleranz als Ausgangselement dient.
Als Bezugselement sollte möglichst das Element gewählt werden, das auch bei der Funktion des Bauteiles als Ausgangsbasis dient.

Die Zusammenhänge der Form- und Lagetoleranzen sind nochmals mit den dazugehörigen Symbolen in Bild 2.7 aufgeführt.

Arten von Elementen und Toleranzen		Tolerierte Eigenschaften	Symbole
Einzelne Elemente	Formtoleranzen	Geradheit	—
		Ebenheit	▱
		Rundheit (Kreisform)	○
Einzelne oder bezogene Elemente		Zylindrizität	⌭
		Profil einer beliebigen Linie	⌒
		Profil einer beliebigen Fläche	⌓
Bezogene Elemente	Richtungstoleranzen	Parallelität	∥
		Rechtwinkligkeit	⊥
		Neigung	∠
	Ortstoleranzen	Position	⊕
		Konzentrizität und Koaxialität	◎
		Symmetrie	≡
	Lauftoleranzen	Lauf	↗
		Gesamtlauf	↗↗

Bild 2.7: Symbole für tolerierte Eigenschaften nach /44/

Die angeführten Beispiele zeigen, daß die Form- und Lagetoleranzen einen wichtigen Einfluß in bezug auf die Funktionsgewährleistung von Bauteilen und Baugruppen haben.
Diese damit sehr eng ausgelegten zulässigen Abweichungen auf Form und Lage der einzelnen Elemente gilt es, im Rahmen wirtschaftlicher Gesichtspunkte so groß wie möglich zu tolerieren. Da diese Abweichungen, wie auch die der geometrisch beschreibenden, innerhalb ihres Toleranzfeldes streuen, ist es möglich, die Form- und Lagetoleranzen ebenfalls in die statistische Toleranzbetrachtung mit einzubinden.

3 Methode der absoluten Austauschbarkeit
3.1 Toleranzauslegung

Die Toleranzauslegung berührt nicht nur das Gebiet der Ausführungsqualität in Verbindung mit den Fertigungskosten, sondern auch das weite Gebiet der Montage und die dabei anfallenden Fügekosten. Es ist heute noch so, daß die Montage ein erhebliches Potential zur Kostensenkung beinhaltet und es ein generelles Bestreben ist, Montagen zu vereinfachen und zu verbilligen.

Als Folge von Montagen werden unterschiedliche Einzelteile (Teilsysteme) zu Baugruppen (komplexere Teilsysteme) zusammengefügt, die weiterhin wieder Komponenten von Maschinen (komplexes Gesamtsystem) darstellen. Der hierbei oft entstehende hohe Montageaufwand ist primär abhängig von:

- der Teilezahl und deren Fügeeigenschaften aufgrund von Geometrie, Toleranz, Oberfläche und Werkstoff;
- der Gruppenzahl und deren Fügeeigenschaften an den Schnittstellen zu anderen Gruppen oder Teilen;
- den Fügeverfahren.

Ziel muß es somit sein, Montageoperationen einfach und sicher zu gestalten. Meist zeigt die Analyse, daß der naheliegende Weg in einer Vereinfachung der Geometrie und Fügetechnik sowie in erweiterten Toleranzen besteht.

Auch für die Montage galt es bisher das einsichtige Prinzip der absoluten Austauschbarkeit, welches voraussetzte, daß jede Maßkombination dennoch die Montierbarkeit ermöglichte. Die Toleranzfestlegung nach der Methode der absoluten Austauschbarkeit ist seit der Einführung des ISA-Passungssystems in allen Konstruktionsabteilungen verbreitet und wird oftmals auch als

- Arithmetische Methode,

- Minima - Maxima - Prinzip

oder

- Addition - Subtraktion von Maßverknüpfungen

bezeichnet. Die hierhinter stehende Denkweise ist dafür verantwortlich, daß fast immer zu eng toleriert wird.

Der Weg bei einer Toleranzfestlegung kann aber in der Praxis nach unterschiedlichen Mustern ablaufen. Jeder, der selbst schon einmal am Reißbrett gestanden hat, weiß, daß oft willkürlich vorgegangen wird und selten eine ausgefeilte Methode hinter einer Tolerierung steht.

Zunächst versucht man, vielleicht aus einer eventuellen Übernahme von Toleranzen aus ähnlichen Konstruktionen, zu einer entsprechenden Tolerierung zu kommen. Diese Vorgehensweise schließt natürlich auch die Tolerierung nach Erfahrenswerten mit ein. Vielfach kann man diese Tolerierung auch als Angstprinzip (vergolden von Bauteilen) apostrophieren, weil erwiesen ist, daß die so festgelegten Maßtoleranzen, im Hinblick auf ihre zu erfüllende Funktion, vielfach zu klein gewählt werden. Hierdurch wird ein möglicherweise bestehendes Kostenreduzierungspotential nicht ausgeschöpft.

Ist eine formale Übernahme von Toleranzen für eine Konstruktion nicht möglich, so ist die andere Alternative, empirisch vorzugehen und einen Zusammenbau theoretisch zu simulieren. Diese Möglichkeit wird aber meist nur dann angewandt, wenn die am natürlichsten und auch selbstverständlichste Alternative nicht durchgeführt werden kann, nämlich

"die Berechnung von Toleranzen".

Dieses Prinzip der Toleranzberechnung, muß jedoch bei einer statistischen Tolerierung gewählt werden.

3 Methode der absoluten Austauschbarkeit

Wie später noch ersichtlich werden wird, ist hierzu Voraussetzung, daß eine sinnvolle arithmetische Tolerierung vorliegt, die dann schrittweise verfeinert werden kann. Gewöhnlich ist dies mit einem erheblichen rechnerischen Aufwand verbunden, der oft abschreckt. Die Zukunft der statistischen Tolerierung wird daher in der Rechneranwendung zu sehen sein.

3.2 Maßketten

Ausgangspunkt für eine Toleranzberechnung ist eine aus Einzelmaßen bestehende Maßkette. Die Einzelmaße ergeben sich in der Regel aus funktionalen oder fertigungstechnischen Gesichtspunkten und sind oft für Bauteile charakteristisch.

Als Maßkette wird unter systematisierenden Kriterien eine lückenlose Aneinanderreihung von Maßen bezeichnet, deren End- bzw. Schlußglied zum Anfangspunkt zurückführt. Eine Maßkette kann eindimensional, mehrdimensional und auch nichtlinear auftreten. Beispiele für eine ebene-nichtlineare und eine ebene-lineare Maßkette sind in Bild 3.1 dargestellt.

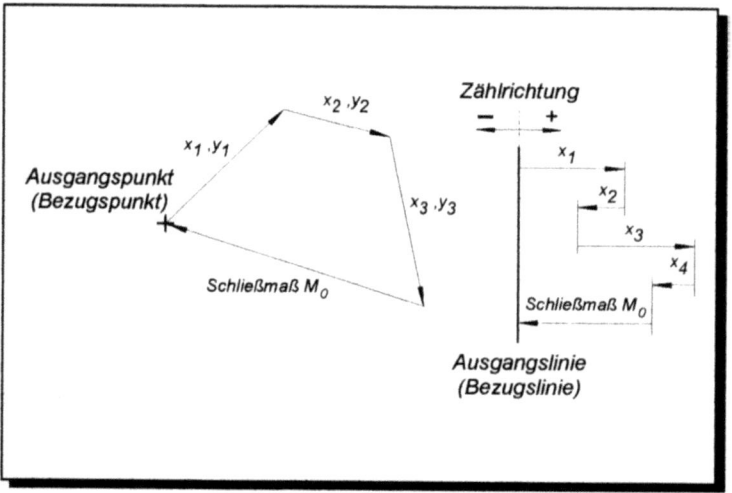

Bild 3.1: Nichtlineare und lineare Maßketten

Für eine Maßkette soll gelten, daß die Summe der Einzelmaße + Schließmaß = 0 ist. Hierbei ist die Zählrichtung bzw. die Vorzeichen der einzelnen Maße zu beachten.

3 Methode der absoluten Austauschbarkeit

Das Istmaß eines Einzelmaßes darf beliebig innerhalb des oberen und unteren Grenzmasses liegen. Dieses gilt für alle in einer Baugruppe auftretenden Istmaße. Wenn man von dieser Möglichkeit ausgeht, ergibt sich im Fall einer Maßkette als Differenz zwischen unterer und oberer Grenze jeweils die *Schließmaßtoleranz* als Summe der einzelnen Toleranzen.

Wird diese Differenz als Toleranz des Schließmaßes benutzt, so kann dies dazu führen, daß die funktionell erforderliche Schließmaßtoleranz fertigungstechnisch nicht mehr realisierbare Einzeltoleranzen verlangt, oder daß die fertigungstechnisch realisierbaren Einzeltoleranzen zu einer funktionell nicht vertretbaren Schließmaßtoleranz führen.

Der erste Schritt bei einer Toleranzuntersuchung ist somit, richtig zu erkennen, welches Maß das Schließmaß der Maßkette bildet. Dieses Schließmaß kann in der Praxis für verschiedene Situationen stehen. Es kann z.B. sein, daß

- das Schließmaß das Stichmaß über alle Elemente einer Baugruppe ist
oder
- das Schließmaß das Spiel oder Übermaß einer Welle/Nabe-Passung ist bzw. generell als Spiel oder Übermaß zu definieren ist.

Entsprechend bildet sich die Schließmaßtoleranz als die Summe aller Toleranzen, hierbei sind obere und untere Abmaße wieder in Abhängigkeit der Zählrichtung zu beachten. Ist dies in der Praxis der Fall, so läßt sich aufgrund einer eventuellen Einbringung eines toleranzausgleichenden Konstruktionselementes das Schließmaß konstruktiv einstellbar halten. Dieses kann z.B. innerhalb einer Baugruppe ein Ausgleichs- oder ein Justierelement sein.

Bei dieser Betrachtung ist der Wirtschaftlichkeitsaspekt einer Konstruktion außeracht gelassen, sondern nur der konstruktive - funktionale Aspekt berücksichtigt. Dies bedeutet jedoch größere Toleranzen der einzelnen Bauteile die beim Zusammensetzen zu einer Baugruppe durch ein Justierelement innerhalb einer festgelegten Schließtoleranz gehalten werden können. Dieses Justierelement sichert mit seiner relativen Einstellbarkeit die Funktion der Baugruppe ohne Toleranzeinengung.

Gestattet die konstruktive Gestaltung aber keinen Einsatz ausgleichender Konstruktionselemente, dann muß im Zusammengehen von Konstruktion und Fertigung ein Weg gesucht werden, der ohne die Qualität der Baugruppe (des Erzeugnisses) zu mindern, der Fertigung den weitesten Spielraum läßt, die Montagekosten nicht erhöht und Ausschuß sowie Nacharbeit vermeidet.

Bestreben muß es somit sein, alle Kostenpotentiale seitens der Fertigung und der Montage auszuschöpfen.

3 Methode der absoluten Austauschbarkeit

3.3 Maßplan

Ein Maßplan mit der Gesamtheit aller Maßpfeile (s. Bild 3.1), symbolisiert eine Maßkette. Dabei ist die Aneinanderfolge der direkten Einzelmaße M_i in dem Maßplan beliebig. Jedoch sollte zum besseren Verständnis die in der Zeichnung vorkommende Reihenfolge bevorzugt werden.

Für den prinzipellen Aufbau eines Maßplanes werden im folgenden einige grundsätzlich wichtige Definitionen aufgelistet.

In Anlehnung an die DIN 7182 werden die Begriffe Nennmaß N, toleriertes Maß M und Paßmaß M_p eingeführt.

Die Definitionen der angeführten Begriffe sind für das

Nennmaß N: "Maß für Größenangabe und zur Gliederung des Anwendungsbereiches.
Anmerkung 1: Wenn ein Nennmaß vorgegeben ist, werden Grenzabmaße darauf bezogen.
Auch Istabmaße können auf das Nennmaß bezogen werden.
Anmerkung 2: Das Nennmaß wird oft unter Verwendung einer gerundeten Zahl angegeben." /41/

Toleriertes Maß M: "Nennmaß mit zugehörigen Grenzabmaßen, wobei die Grenzabmaße entweder einzeln am Nennmaß eingetragen oder mit Hilfe von Allgemeintoleranzen angegeben werden.
Anmerkung 1: Das tolerierte Maß, bei dem die Grenzabmaße einzeln am Nennmaß eingetragen sind, wurde bisher mißverständlich "Paßmaß" genannt.
Anmerkung 2: Das tolerierte Maß, bei dem die Grenzabmaße mit Hilfe von Allgemeintoleranzen angegeben werden, wurde bisher "Freimaß" genannt." /41/

Paßmaß M_p: "Toleriertes Maß für eine Paßfläche bzw. zusammengehörige Paßflächen." /41/

Des weitern ergeben sich bei der Maßplanerstellung die Beziehungen:

Schließmaß M_o: "Maß, das sich aus dem Zusammenwirken von Einzelmaßen in einer Maßkette ergibt."
Anmerkung 1: In einem Maßplan ist das Schließmaß der vom Nullpunkt zur letzten Pfeilspitze gerichtete Maßpfeil M_o.
Anmerkung 2: Entsprechend der gewünschten Funktion einer Maßkette kann das Schließmaß positiv (Spiel) oder negativ (Übermaß) sein.
Anmerkung 3: Bei einer zweigliedrigen Maßkette wird das Schließmaß Passung genannt, sofern die Einzelmaße Paßmaße sind.

Mindestpassung P_u: "Mindestspiel oder Höchstübermaß."
Anmerkung 1: Auch Mindestschließmaß.

Höchstpassung P_o: "Höchstspiel oder Mindestübermaß."
Anmerkung 1: Auch Höchstschließmaß.

Mittenschließmaß P_c: "Arithmetisches Mittel aus Mindestpassung und Höchstpassung bzw. aus Mindestschließmaß und Höchstschließmaß."
Anmerkung 1: Auch Summe/Differenz aller Einzelmaße einer Maßkette.

Weiterhin ist einer linearen Maßkette so wie im Bild 3.1 eine Zählrichtung zu geben.

Dabei gilt, jedem direkten Maß ist in bezug auf seine Wirkung auf das Schließmaß eine Zählrichtung zugeordnet.

3 Methode der absoluten Austauschbarkeit

Hierbei ist herauszustellen: Ein Maß für sich betrachtet ist weder positiv noch negativ. Danach sind die folgenden Definitionen gültig:

Positives Maß: "Ein direktes Maß ist der positiven Zählrichtung zugeordnet, wenn seine Vergrößerung das Schließmaß in positiver Richtung verändert, indem es das Spiel vergrößert oder das Übermaß verkleinert."

Oder anders ausgedrückt:

"Direkte positive Maße sind solche, bei deren Änderung sich das Schließmaß in der gleichen Richtung ändert, wenn alle anderen Maße konstant bleiben."

Negatives Maß: "Ein direktes Maß ist der negativen Zählrichtung zugeordnet, wenn seine Vergrößerung das Schließmaß in negativer Richtung verändert, indem es das Spiel verkleinert oder das Übermaß vergrößert."

Oder anders ausgedrückt:

"Direkte negative Maße sind solche, dessen Änderung auf das Schließmaß sich bei Einhaltung der Konstanz aller anderen Maße gegensinnig auswirkt."

Diese neu eingeführten Bezeichnungen sollen am nachfolgenden trivialen Beispiel einer Welle/Nabe-Passung explizit angewandt werden.
Hierfür ist, wie im Bild 3.2 gezeigt, die Passung nach DIN 7157 als eine Laufsitz-/Spielpassung, mit dem Kennzeichen merkliches Spiel bei Montage, gewählt worden.
Danach ergeben sich die im umseitigen Bild 3.2 dargestellten Durchmesserdimensionen.

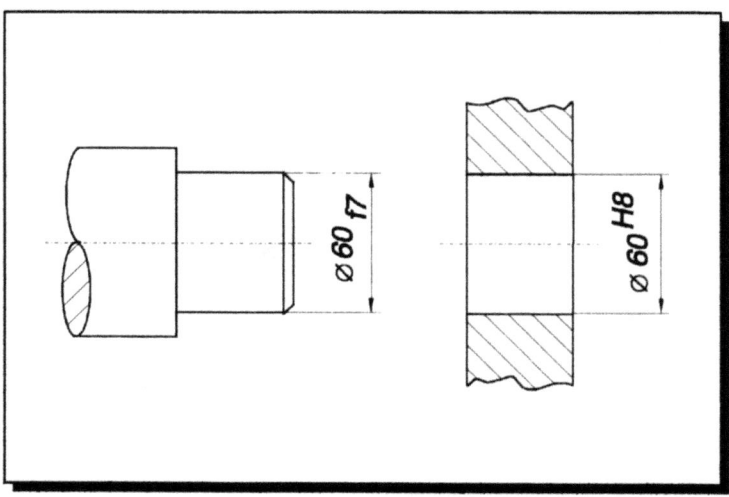

Bild 3.2: Durchmesserdimensionen der Welle/Nabe-Spielpassung

Eine schematische Darstellung des Spiels, welches sich bei diesem Laufsitz einstellt, zeigt das folgende Bild 3.3.

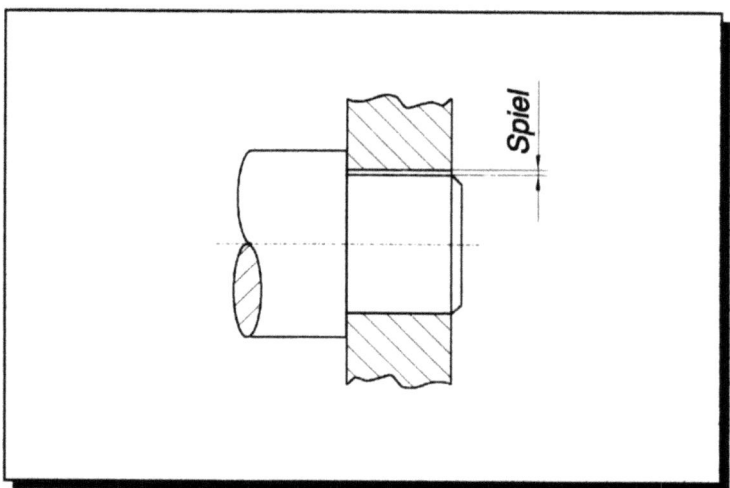

Bild 3.3: Schematische Darstellung der Kombination einer Welle/Nabe-Spielpassung

3 Methode der absoluten Austauschbarkeit

Für die Erstellung des Maßplanes ist es unerläßlich, die Maße zu berücksichtigen, die im direkten Zusammenhang mit dem Schließmaß stehen.

Diese sind im angeführten Beispiel (siehe auch Bild 3.2), der Außendurchmesser der Welle sowie der Innendurchmesser der Nabe. Die indirekten Maße sind in diesem Beispiel, die Länge des Wellenzapfens sowie die Breite der Nabe.

Danach gehen die beiden tolerierten Maße M_1 für den Außendurchmesser der Welle mit

$$M_1 = 60^{f7} = 60_{-60}^{-30} = 60_{-0,06}^{-0,03} \ mm$$

und M_2 für den Innendurchmesser der Nabe mit

$$M_2 = 60^{H8} = 60_{0}^{+46} = 60_{0}^{-0,046} \ mm$$

in den Maßplan ein.

Aus diesen Angaben heraus läßt sich der Maßplan nach <u>Bild 3.4</u> ableiten.

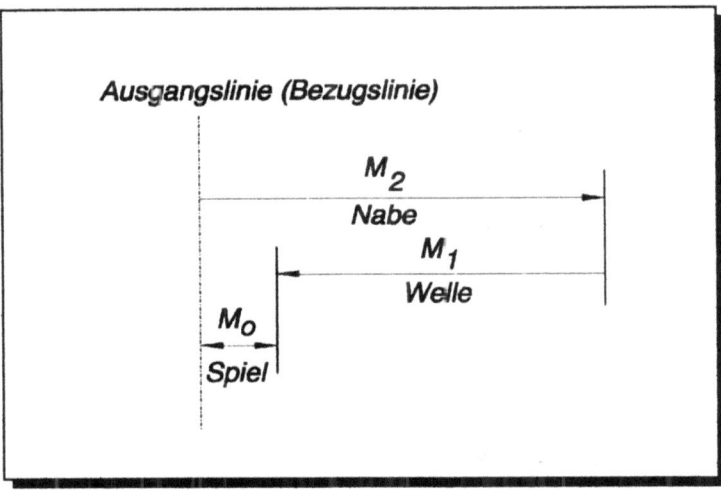

<u>Bild 3.4</u>: Maßplan einer Welle/Nabe-Spielpassung

Hiernach ist M_2 ein positives Maß, da sich mit seiner Änderung, bei Konstanz von M_1, das Spiel in der gleichen Richtung ändert.

In der graphischen Aufarbeitung des Maßplanes in Bild 3.5 werden die unterschiedlichen Konstellationen des Zusammenbaus der Passung ersichtlich. Dabei ist zu erkennen, daß sich das Mindestschließmaß P_u der Spielpassung bei der Konstellation Größtmaß Welle G_{o1} und Kleinstmaß Nabe G_{u2}, einstellt. Analog ergibt sich bei der Konstellation Kleinstmaß Welle G_{u1} und Größtmaß Nabe G_{o2}, das Größtschließmaß P_o der Spielpassung.

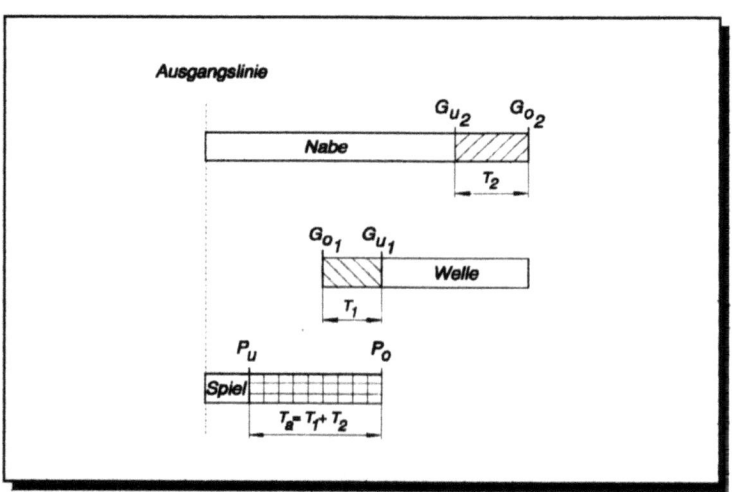

Bild 3.5: Graphische Darstellung der zusammentreffenden Toleranzfelder

Nach dieser Betrachtung kann festgestellt werden, die Summe der Einzelmaße und des Schließmaßes in einer Maßkette ist wie vorab schon bemerkt gleich Null:

$$\sum \textit{Einzelmaße} + \textit{Schließmaß} = 0 \, . \tag{1}$$

3 Methode der absoluten Austauschbarkeit

Für das angeführte Beispiel bedeutet dies unter Berücksichtigung der Vorzeichenvereinbarung:

$$- M_1 + M_2 - M_o = 0 \; .$$

Somit ist das Schließmaß (Spiel) der Passung

$$M_o = M_2 - M_1 \; .$$

In dem angeführten Beispiel besteht das Schließmaß M_o aus $k = 2$ Einzelmaßen. Diese Einzelmaße besitzen jeweils für sich eine Einzeltoleranz T_i, die für das Schließmaß eine arithmetische Schließtoleranz T_s (s. Bild 3.5) als Summe der Einzeltoleranzen zufolge hat. Eine Einzeltoleranz bestimmt sich dann aus

$$\boxed{T_i = G_{o_i} - G_{u_i} ,} \qquad (2)$$

hierin ist G_{o_i} das obere Grenzmaß und G_{u_i} das untere Grenzmaß. Für die Grenzmaße ist jeweils anzusetzen: Nennmaß $\pm$ Abmaß. Demzufolge erhält man

$$\boxed{G_{o_i} = N_i + ES_i \; (es_i)} \qquad (3)$$

bzw.

$$\boxed{G_{u_i} = N_i - EI_i \; (ei_i) \; .} \qquad (4)$$

Das Kurzzeichen ES (es) für das obere Abmaß ist von der französischen Bezeichnung 'ecart superieur" abgeleitet worden und ist gleichbedeutend mit der älteren Bezeichnungsform A_o. Analoges gilt für das Kurzzeichen EI (ei), das untere Abmaß, welches von der ebenfalls französischen Bezeichnung "ecart inferieur" abgeleitet wurde und der früheren Bezeichnungsform A_u entspricht.

Hierin korrespondieren die großen Buchstaben mit der Kennzeichnung für Bohrungen und die kleinen Buchstaben mit der Kennzeichnung für Wellen.

Das Größtmaß des Schließmaßes einer Maßkombination entsteht, wenn die Größtmaße aller positiven Maße und die Kleinstmaße aller negativen Maße in einer Maßkombination gleichzeitig auftreten, siehe Gl.(5):

$$P_o = \sum_{i=1}^{n} G_{o_{pos_i}} - \sum_{j=1}^{m} G_{u_{neg_j}} \tag{5}$$

Analog gilt dies für das Kleinstmaß eines Schließmaßes, siehe die entsprechende Gl. (6).

$$P_u = \sum_{i=1}^{n} G_{u_{pos_i}} - \sum_{j=1}^{m} G_{o_{neg_j}} . \tag{6}$$

Damit ist die arithmetische Schließtoleranz gegeben als die Differenz des Mindest- zum Höchstmaß des Schließmaßes

$$T_a = P_o - P_u , \tag{7}$$

oder die Größe der Toleranz des Schließmaßes ist auch gleich der Summe aller Einzeltoleranzen

$$T_a = \sum_{i=1}^{k} T_i . \tag{8}$$

Werden diese Gleichungen auf das angeführte Beispiel der Welle-/Nabe-Verbindung, mit den gegebenen Werten angewandt, so bedeutet dies für das Höchstschließmaß nach Gl.(5) zunächst die Ermittlung der Extrema der einzelnen Bauteile nach den vorherigen Gl.(3) und (4):

3 Methode der absoluten Austauschbarkeit

Danach ergibt sich für die Welle

$$G_{o_1} = 59{,}970 \; mm \quad und \quad G_{u_1} = 59{,}940 \; mm$$

bzw. für die Nabe ergibt dies:

$$G_{o_2} = 60{,}046 \; mm \quad und \quad G_{u_2} = 60{,}000 \; mm \; .$$

Daraus folgt das Höchstmaß des Schließmaßes mit P_o

$$P_o = G_{o_2} - G_{u_1}$$

$$P_o = 60{,}046 - 59{,}940 = 0{,}106 \; mm \; ≙ \; 106 \; \mu m \; .$$

Analog ist unter Anwendung der Gl.(5) das Mindestschließmaß P_u:

$$P_u = G_{u_2} - G_{o_1}$$

$$P_u = 60{,}000 - 59{,}970 = 0{,}030 \; mm \; ≙ \; 30 \; \mu m \; .$$

Daraus resultiert das Schließmaß unter Berücksichtigung von Gl.(7) zu

$$T_a = P_o - P_u = 106 - 30 = 76 \; \mu m$$

bzw. zu

$$M_o = 0^{+0{,}106}_{+0{,}030} \; mm \; .$$

Die zuvor ermittelte arithmetische Schließtoleranz nach Gl.(7) läßt sich ebenfalls auch aus der Summe der Einzeltoleranzen nach Gl.(8) unter Berücksichtigung der Gl.(2) (s. Bild 3.5)

$$T_a = T_1 + T_2 = 30 + 46 = 76 \; \mu m$$

zu bestimmen.

3.4 Berechnung der arithmetischen Schließtoleranz in einer linearen Maßkette

Am Beispiel der axialen Fixierung eines Wälzlagers durch einen Sicherungsring soll in Bild 3.6 eine linear abhängige Maßkette, in Analogie zu dem Beispiel "Spielpassung" in dem vorstehenden Kapitel, diskutiert werden.

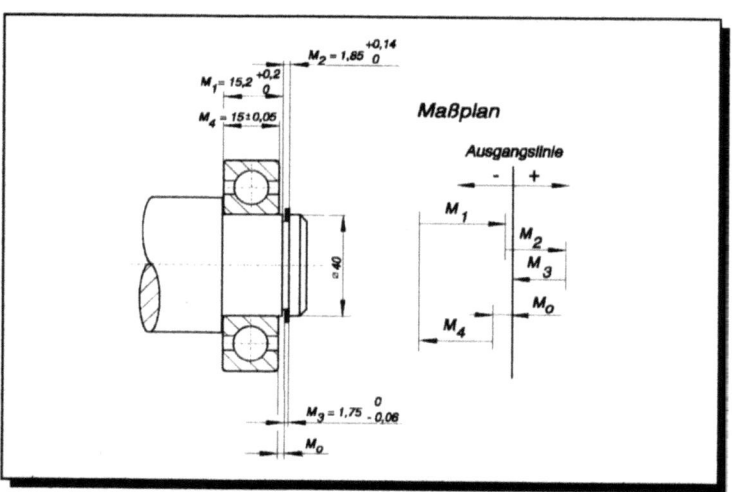

Bild 3.6: Lineare Maßkette einer Einbausituation mit dem dazugehörigen Maßplan

Nach Gl.(1) ergibt sich für die aufgezeigte Situation die dargestellte Maßkette bzw. die folgende Gleichung

$$M_o = M_1 + M_2 - M_3 - M_4 \ .$$

Hierbei ist das Schließmaß M_o dasjenige Maß, welches den für die Funktion der Axialsicherung notwendigen Spalt ausweist, der zwischen dem Wälzlager und dem Sicherungsring bei Montage vorhanden sein muß.

3 Methode der absoluten Austauschbarkeit

Der Übersicht wegen ist es sinnvoll, die Extrema der Einzelteile der Maßkette zu notieren. Diese sind im folgenden:

$$G_{o_1} = 15{,}4 \; mm, \qquad G_{u_1} = 15{,}2 \; mm,$$

$$G_{o_2} = 1{,}99 \; mm, \qquad G_{u_2} = 1{,}85 \; mm,$$

$$G_{o_3} = 1{,}75 \; mm, \qquad G_{u_3} = 1{,}69 \; mm,$$

$$G_{o_4} = 15{,}05 \; mm, \qquad G_{u_4} = 14{,}95 \; mm.$$

Damit ergibt sich das Höchstschließmaß nach Gl.(5) zu

$$P_o = (G_{o_1} + G_{o_2}) - (G_{u_3} + G_{u_4})$$

$$P_o = (15{,}4 + 1{,}99) - (1{,}69 + 14{,}95)$$

$$P_o = 17{,}39 - 16{,}64 = 0{,}75 \; mm.$$

Und das Mindestschließmaß nach Gl.(6) ist dann:

$$P_u = (G_{u_1} + G_{u_2}) - (G_{o_3} + G_{o_4})$$

$$P_u = (15{,}2 + 1{,}85) - (1{,}75 + 15{,}05)$$

$$P_u = 17{,}05 - 16{,}8 = 0{,}25 \; mm.$$

Somit ist die arithmetische Toleranz nach Gl.(7)

$$T_a = P_o - P_u = 0{,}75 - 0{,}25 = 0{,}5 \ mm \ .$$

Toleriert kann dann das Schließmaß als

$$M_o = 0{,}5 \pm 0{,}25 \ mm$$

angegeben werden.

An diesem kleinen Berechnungsbeispiel wird ersichtlich, daß bei der Toleranzfestlegung des Schließmaßes einer Maßkombination stets mit den theoretisch ungünstigsten Kombinationsmöglichkeiten zu rechnen ist, vgl. Gl. (5), (6) und (7) bzw.(8). D.h. man geht bei der *arithmetischen Methode* nur vom Aufeinandertreffen der Extremwerte der positiven und negativen Einzelmaße in einer Maßkombination aus. Es wird somit in keiner Weise berücksichtigt, mit welcher relativen Häufigkeit die Extremwerte der Einzelmaße in der späteren Fertigung entstehen und bei der zufälligen Kombination in einer Maßkette aufeinandertreffen. Mit anderen Worten ausgedrückt bedeutet dies, als Berechnungsgrundlage für die *arithmetische Methode* geht man davon aus, daß alle Einzelteile, die später zu einer Baugruppe zusammengefügt werden, gleich ob gebohrt, gedreht, gefräst, geschliffen etc., nur mit ihren Größt- oder Kleinstmaßen auftreten. Damit ist dann, sofern die Toleranzen eingehalten werden, auch die Forderung der absoluten Austauschbarkeit gewährleistet. Es bedarf keines Beweises, daß die Fertigungspraxis anders ist.

4 Wahrscheinlichkeitsrechnung quantitativer Merkmale

4.1 Grundbegriffe der Statistik

Für die Anwendung der statistischen Toleranzrechnung ist es notwendig, zunächst einige Definitionen der Statistik darzulegen.

In der bisher veröffentlichten Literatur hat man jeweils sehr unterschiedliche Bezeichnungsweisen in den Darlegungen und Ansätzen gewählt. In diesem Manuskript soll jedoch eine einheitliche Nomenklatur in Anlehnung an die DIN 7186, Teil 1 und 2 verwandt werden. Dieses wird bei einer späteren Standardisierung der statistischen Tolerierung von Vorteil sein.

Die Wahrscheinlichkeitsrechnung ermöglicht es generell, ein bestimmtes Ereignis auf seinen Eintritt vorherzusagen.

Solange man keine physikalischen oder mathematischen Zusammenhänge kennt, die andere Annahmen erzwingen, betrachtet man n mögliche Ereignisse stets als gleichwahrscheinlich und ordnet jedem Ereignis die Wahrscheinlichkeit $1/n$ zu.

Es gibt Zufallsvariable, auch stochastische Variable genannt, die ihrer Natur nach nur diskrete Werte annehmen können, d.h. die nur abzählbar endliche oder unendliche Werte annehmen.

Beim Werfen eines Würfels sind z.B. sechs Ergebnisse möglich. Jedes mit $1/6$ Wahrscheinlichkeit, wenn der Würfel nicht verfälscht ist, geometrisch homogen ist usw., was dann andere Annahmen erzwingen würde. Darüber hinaus gibt es Variable, die meist innerhalb gegebener Grenzen oder Intervalle beliebige Werte annehmen können, sogenannte stetige Zufallsvariable. Eine stetige Zufallsvariable ist z.B. das Gewicht einer Erbse, diese kann nach Beendigung des Wachstums jeden beliebigen Wert innerhalb natürlicher Grenzen annehmen.

Die Wahrscheinlichkeit gibt dann an, wieviele Ereignisse im Mittel bei einer großen Gesamtzahl zu dem betrachteten Ergebnis führen.

Empirisch bestimmt man die Wahrscheinlichkeit aus der sogenannten relativen Häufigkeit ($h = v/n$).

Die relative Häufigkeit ist das Verhältnis der Zahl der eingetretenen Ereignisse v zur Zahl der Beobachtungen n.

Der Grenzwert für das Verhältnis ist bei unendlich vielen Beobachtungen die mathematische Wahrscheinlichkeit für das Ereignis.

Für das Würfelbeispiel gilt: Es sind sechs verschiedene Ereignisse mit gleicher Wahrscheinlichkeit möglich.

Die mathematische Wahrscheinlichkeit beträgt exakt $1/6 = 0{,}167$, dies ist die relative Häufigkeit eines Ereignisses, ausgedrückt als Verhältnis der Zahl der eingetretenen Ereignisse zur Zahl der Würfe. Diese streut bei einer geringen Anzahl von Würfen mehr oder weniger um die mathematische Wahrscheinlichkeit, siehe Bild 4.1. Erst bei einer Vielzahl von Würfen (genaugenommen bei einer unendlichen Zahl von Würfen) stimmen relative Häufigkeit und mathematische Wahrscheinlichkeit überein.

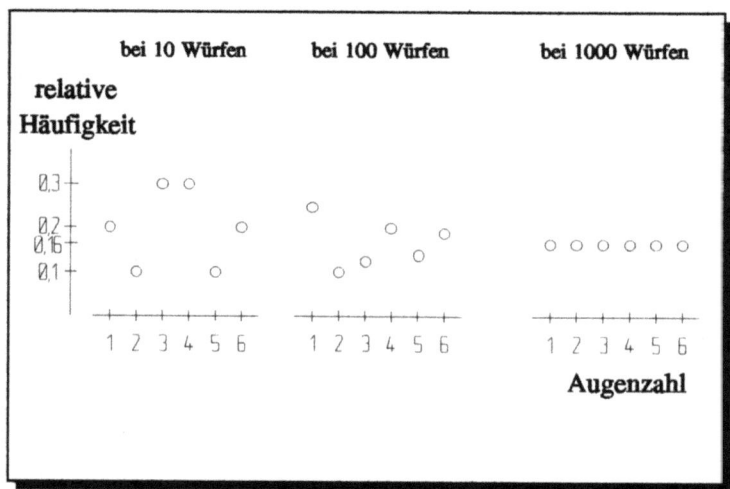

Bild 4.1: Relative Häufigkeitsverteilung beim Würfeln

4 Wahrscheinlichkeitsrechnung quantitativer Merkmale

Die Augenzahl des Würfels ist, wie Anfangs bemerkt ein diskreter Wert; dies trifft jedoch bei dem Wachstum einer Erbse oder für die Herstellung eines Bauteiles nicht zu. Ein Bauteil kann unterschiedliche Merkmale (Länge, Breite, Höhe, Gewicht etc.) aufweisen. In der Regel wird ein Bauteil hinsichtlich eines relevanten Merkmals geprüft und erhält nach der Prüfung eine Wertigkeit. Dabei bezieht sich die Prüfung auf einen Vergleich des Prüfergebnisses mit einem Vergleichswert, der ein

- Normalwert,
- Sollwert,
- Idealwert

oder ein

- Grenzwert

sein kann.

Geprüft wird dabei anhand einer Stichprobe, die einer Grundgesamtheit entnommen wird. Dabei unterscheidet man zwischen einer wirklichen Grundgesamtheit, die einen endlichen Umfang hat und einer gedachten Grundgesamtheit, die einen unendlichen Umfang besitzt. Diese Stichprobe kann eine begrenzte Anzahl von Werten einer Zufallsvariablen sein Z.B. das Merkmal der Länge eines gefertigten Bauteils zu dem Vergleichswert des Nennmaßes der Länge.

Diese Stichprobe vom Umfang n der Zufallsvariablen X, hier die Länge des Bauteils, ergibt eine Anzahl von Werte $x_1, x_2, x_3, ..., x_n$. Hieraus läßt sich der arithmetische Mittelwert $\bar{x}$ berechnen.

$$\bar{x} = \frac{1}{n} \sum_{i=1}^{n} x_i . \qquad (9)$$

Hingegen errechnet sich der Mittelwert der Grundgesamtheit N aus

$$\mu = \frac{1}{N} \sum_{i=1}^{N} x_i . \qquad (10)$$

Die Streuung der Werte x_i um den arithmetischen Mittelwert μ wird als Standardabweichung σ bezeichnet. Diese ist die mittlere quadratische Abweichung der Stichprobenwerte vom Mittelwert

$$\sigma = \sqrt{\frac{1}{n} \sum_{i=1}^{n} (x_i - \mu)^2}, \tag{11}$$

und für die Standardabweichung der Stichprobe gilt unter Anwendung der Definitionsformel:

$$s = \sqrt{\frac{1}{n-1} \sum_{i=1}^{n} (x_i - \bar{x})^2}, \tag{12}$$

und entsprechend die Varianz der Grundgesamtheit

$$\sigma^2 = \frac{1}{n} \sum_{i=1}^{n} (x_i - \mu)^2, \tag{13}$$

sowie die der Stichprobe

$$s^2 = \frac{1}{n-1} \sum_{i=1}^{n} (x_i - \bar{x})^2. \tag{14}$$

Der arithmetische Mittelwert und die Standardabweichung charakterisieren die jeweilige Stichprobe. Jede Stichprobe hat ihren individuellen Wert, jedoch streben die Werte des Mittelwertes und der Standardabweichung mit Zunahme der Stichprobenanzahl einem Grenzwert zu.

4 Wahrscheinlichkeitsrechnung quantitativer Merkmale

Da eine Zufallsvariable X jeden Wert annehmen kann, müssen hierfür die Wertgrenzen festgelegt werden. D.h. eine Zufallsvariable X sollte in einem Intervall

untere Zufallsstreugrenze $\leq$ X $\leq$ *obere Zufallsstreugrenze*

liegen.

Im allgemeinen Fall wird als unterer Grenzwert " $-\infty$ " und als oberer Grenzwert die variable Grenze x_o festgelegt. Somit stellt sich die Verteilungsfunktion der Zufallsvariablen X innerhalb des Intervalls $-\infty \leq X \leq x_o$ dar, womit sich die Verteilungsfunktion $F(x)$ der Zufallsvariablen x ergibt zu

$$F(x) = \int_{-\infty}^{x} f(x)\, dx. \qquad (15)$$

Hierin ist f(x) die Wahrscheinlichkeitsdichte die nachfolgend noch spezifiziert wird.

4.2 Verteilungsfunktionen

Eine Zufallsgröße, oder stochastische Größe, ist eine reelle Variable, die je nach dem Ausgang eines Versuchs, also in Abhängigkeit vom Zufall, verschiedene Werte annehmen kann.

Der Begriff "stochastisch" ist ein von Bernoulli geprägtes Synonym für "zufällig".

Eine Zufallsgröße X wird durch ihre Verteilungsfunktion F(x) wahrscheinlichkeitstheoretisch vollständig charakterisiert. Mit Hilfe der Verteilungsfunktion kann die Wahrscheinlichkeit dafür angegeben werden, daß die Zufallsgröße in ein vorgegebenes halboffenes Intervall fällt.

4.2.1 Diskrete Funktionen, Binomialverteilung

Die Darlegung der Binomialverteilung tangiert den Bereich der statistischen Tolerierung nicht, jedoch soll sie hier der Vollständigkeit halber aufgeführt werden.

Eine zufällige Veränderliche, die nur endlich viele Werte x_i (i = 1,2,3,...,n) annehmen kann, bestimmt eine diskrete Verteilungsfunktion.

Eine Zufallsgröße X mit den Parametern, Anzahl der Versuche n und der Wahrscheinlichkeit p, heißt binomialverteilt, wenn die Zufallsgröße die möglichen Werte 0,1,2,...,n mit den Wahrscheinlichkeiten $p^{(n)}$ annehmen kann. Die Parameter n und p legen die Binomialverteilung vollständig fest.

Wird z.B. ein gewisser Versuch n-mal wiederholt und sind die Einzelversuche dieser Serie voneinander unabhängig, so kann in jedem dieser Versuche ein gewisses Ereignis A eintreten oder nicht. Die Wahrscheinlichkeit für das Eintreten von A im Einzelversuch sei zudem noch unabhängig von der Nummer des Versuches gleich p. Dann sei $x^{(n)}$ die Anzahl des Eintretens von A in einer solchen Serie von n Versuchen. Charakterisiert wird ein solches Verhalten durch eine Binomialverteilung mit folgender mathematischer Beziehung

$$p_k^{(n)} = \binom{n}{k} p^k (1-p)^{n-k}, \quad \text{mit} \quad k=0,1,2,...,n \qquad (16)$$

hierin ist

$$\binom{n}{k} = \frac{n!}{k!\,(n-k)!} \quad \textit{der Binomialkoeffizient}. \qquad (17)$$

An dem typischen Beispiel "Münze werfen" soll dieses verdeutlicht werden.

Hier kann die stochastische Variable nur zwei Werte annehmen, 0 für Zahl und 1 für Kopf. Daraus folgt die Wahrscheinlichkeit für das Fallen der Münze auf die Kopfseite p = 0,5, das entspricht 50%.

Der Versuch soll über n = 20 Würfe stattfinden und die Frage ist, wie groß ist die Wahrscheinlichkeit dafür, daß unter den 20 Würfen genau 8mal die Kopfseite oben liegt?

$$P(A) = p_8^{(20)} = \binom{20}{8} 0{,}5^8 (1-0{,}5)^{20-8} = 0{,}1201 \triangleq 12{,}01\ \%\ .$$

Die noch wichtige Verteilungsfunktion F(x) soll an dem Beispiel eines homogenen Würfels erläutert werden.

Das Ereignis A kann die Augenzahlen 1,2,...,6 annehmen.

Die Verteilungsfunktion F(x) dieser diskreten Zufallsvariablen X ist

$$F(x) = \sum_{i=1}^{n} p_i = 1. \tag{18}$$

Der Erwartungswert der Bernoulli-Verteilung ist, wenn die Summe und das Integral konvergieren

$$E\,X = \mu = \sum_{i=1}^{n} x_i \cdot p_i = \int_{-\infty}^{\infty} x \cdot p(x)\, dx\ . \tag{19}$$

4 Wahrscheinlichkeitsrechnung quantitativer Merkmale

Die Standardabweichung σ ist weiter die Wurzel aus der Varianz (Dispersion oder Streuung)

$$D^2 X = \sigma^2 = \sum_{i=1}^{n} x_i^2 \cdot p_i - \mu^2 = \int_{-\infty}^{\infty} x^2 \cdot p(x) \, dx - \mu^2. \tag{20}$$

Die Auswertung des Würfelspiels zeigt die folgende Tabelle:

Zufallsvariable X	1	2	3	4	5	6
Wahrscheinlichkeit p_i	1/6	1/6	1/6	1/6	1/6	1/6
Verteilungsfunktion F(x)	1/6	2/6	3/6	4/6	5/6	6/6

Der Erwartungswert ist nach Gl. (19)

$$E X = \mu = \sum_{i=1}^{6} x_i \cdot p_i = 3{,}5 \, ,$$

d.h. bei sehr vielen Würfen ergibt sich als mittlere Augensumme 3,5 pro Wurf.

Die Varianz ist dann nach Gl. (20)

$$D^2 X = \sigma^2 = \sum_{i=1}^{6} x_i^2 \cdot p_i - \mu^2 = 2{,}916$$

und damit die Standardabweichung $\sigma = 1{,}707$. Aus der Verteilungsfunktion folgt die Wahrscheinlichkeit

$$F(6) - F(1) = \frac{6}{6} - \frac{1}{6} = \frac{5}{6} \triangleq 83{,}33\ \% ,$$

d.h. die Wahrscheinlichkeit, daß die Augenzahl im Intervall von $\mu \pm \sigma = 3{,}5 \pm 1{,}707$ liegt, beträgt 83,33 %.

Eine graphische Auswertung des Würfelexperimentes zeigt das folgende Bild 4.2.

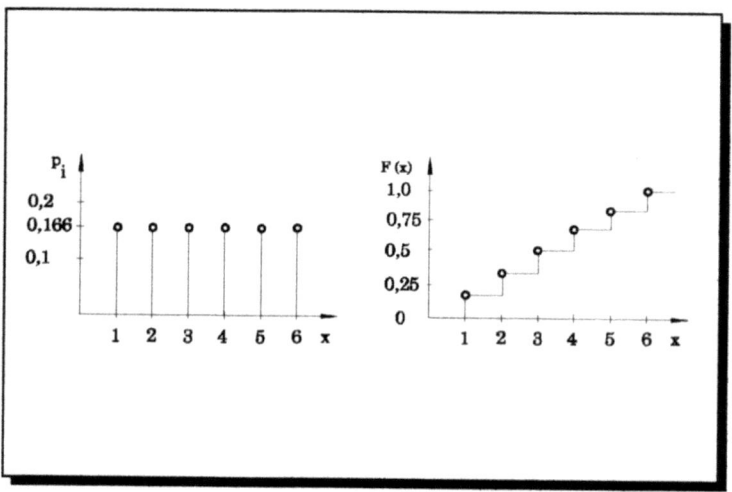

Bild 4.2: Wahrscheinlichkeitsdiagramm und Verteilungsfunktion der diskreten Zufallsvariablen X

Wie dieses Beispiel zeigt, stellt sich die Verteilungsfunktion einer diskreten Zufallsvariablen als eine Treppen- oder Sprungfunktion mit der Sprungstelle x_i und der Sprunghöhe p_i dar.

4.2.2 Stetige Funktionen, Normalverteilung

Eine zufällige Veränderliche X besitzt hingegen eine stetige Verteilungsfunktion F(x), wenn eine nichtnegative Funktion f(x) derart existiert, daß gilt:

$$F(x) = \int_{-\infty}^{x} f(x)\, dx. \qquad (21)$$

Die Funktion f(x) heißt die Dichte der Verteilung und ist wie folgt definiert:

$$\int_{-\infty}^{\infty} f(x)\, dx = 1. \qquad (22)$$

Für die Dichtefunktion gilt speziell noch

$$f(x) \geq 0. \qquad (23)$$

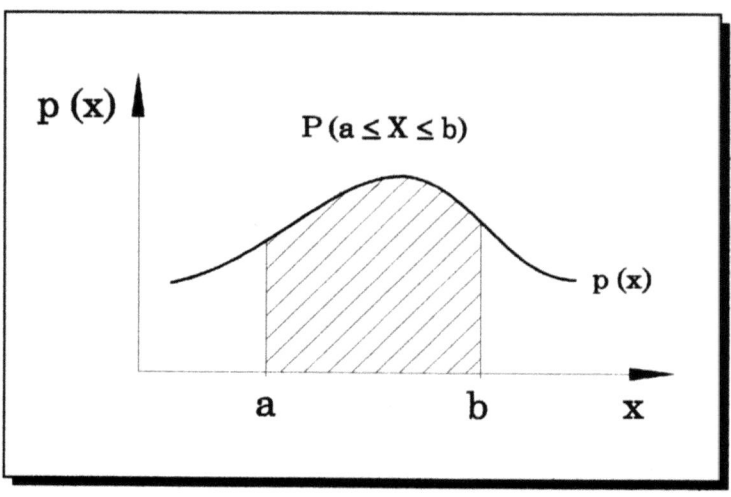

Bild 4.3: Geometrische Darstellung der Wahrscheinlichkeit P bei stetigen X

Die schraffierte Fläche im Bild 4.3 stellt die Wahrscheinlichkeit

$$P(a \leq X \leq b) = F(b) - F(a) = \int_a^b f(x)\, dx \qquad (24)$$

dar.

Die Wahrscheinlichkeit P(X=a), d.h. die Wahrscheinlichkeit dafür, daß eine stetige Zufallsgröße eine vorgegebene reelle Zahl annimmt, ist stets größer Null aber kleiner Eins.
Die sich in einem Intervall [a,b] darstellende Wahrscheinlichkeit kann auch die Funktion einer Gleichverteilung annehmen, wie dies im nachfolgenden Bild 4.4 aufgezeigt ist. Hier ist die Zufallsvariable in dem Intervall [a,b] gleichverteilt, wenn ihre Dichte in [a,b] konstant und sonst 0 ist. Aus

4 Wahrscheinlichkeitsrechnung quantitativer Merkmale

$$\int_{-\infty}^{\infty} p(x)\, dx = 1 \qquad (25)$$

folgt

$$p(x) = \frac{1}{b-a}$$

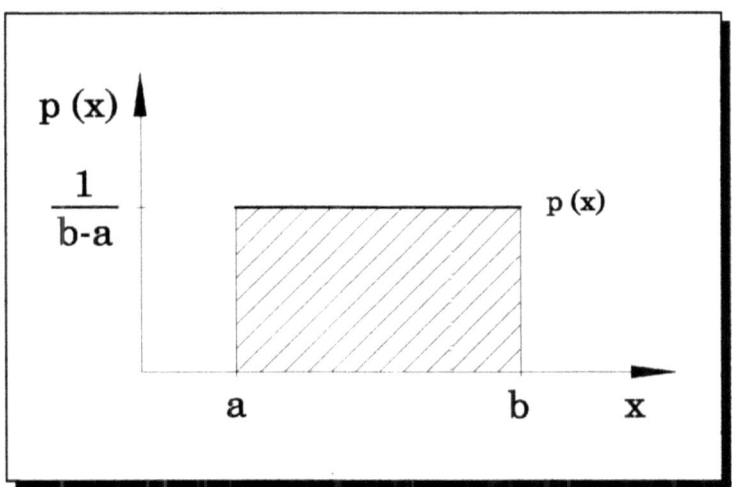

Bild 4.4: Gleichverteilung der Wahrscheinlichkeit bei der Rechteckverteilung

Aus der Gl.(19) folgt für die gleichmäßige Verteilung:

$$\mu = \int_{-\infty}^{\infty} x \cdot p(x)\, dx$$

$$\mu = \int_a^b \frac{x}{b-a}\, dx = \frac{1}{b-a}\left(\frac{b^2}{2} - \frac{a^2}{2}\right) = \frac{a+b}{2}$$

und aus Gl.(20) ergibt sich:

$$\sigma^2 = \int_{-\infty}^{\infty} (x-\mu)^2 \cdot p(x)\, dx$$

$$\sigma^2 = \int_a^b \left(x - \frac{a+b}{2}\right)^2 \cdot \frac{1}{b-a}\, dx = \frac{(b-a)^2}{12}\,.$$

Die wohl wichtigste Wahrscheinlichkeitsverteilung der Statistik ist die Normalverteilung. Die Normalverteilung wurde erstmals von dem englischen Mathematiker De Moivre (1667 - 1754) entdeckt und von Laplace, Gauß und Galton weiterentwickelt.

Diese sogenannte "Normalverteilung" ergibt sich besonders bei Grundgesamtheiten aus der Sozialstatistik, der Medizin, Biologie und Anthropologie sowie aus der Psychologie, der Physik und der Technik. Beispielsweise sind Abmessungen und Gewichte bei Menschen, Tieren und Pflanzen ebenso normalverteilt, wie der Gehalt von roten und weißen Blutkörperchen oder auch der Intelligenzquotient, d.h. die Verteilung von Eigenschaften auf Populationen.

In der Physik sind dies beispielsweise die fehlerbehafteten Meßgrößen, die Schwingungsamplitude bei Resonanz oder Größen von atomaren Teilchen.

Eine Normalverteilung tritt insbesondere dann auf, wenn mehrere Einflußfaktoren zufallsbedingte Abweichungen verursachen.

4 Wahrscheinlichkeitsrechnung quantitativer Merkmale

Eine Zufallsgröße heißt normalverteilt, wenn ihre Wahrscheinlichkeitsdichtefunktion folgende Gestalt aufweist:

$$f(x) = \frac{1}{\sqrt{2\pi}\,\sigma} e^{-\frac{1}{2}\frac{(x-\mu)^2}{\sigma^2}} \quad (26)$$

und ihre Verteilungsfunktion

$$F(x) = \int_{-\infty}^{x} f(x)\, dx$$

ist.

Die Funktion (26) stellt eine glockenförmige Kurve dar. Beim Mittelwert μ liegt sowohl das Maximum als auch das Symmetriezentrum. Die Standardabweichung σ ist der Abstand von diesem Zentrum zu den beiden Wendepunkten der Wahrscheinlichkeitsdichtefunktion. Insbesondere können μ und σ beliebige Werte annehmen. Aufgrund dieser Tatsache gibt es auch in der Natur beliebig viele Normalverteilungen.
Um verschiedene Normalverteilungen jedoch vergleichen zu können, muß man diese mittels der nachfolgenden Transformation

$$u = \frac{x-\mu}{\sigma} \quad (27)$$

auf eine standardisierte Form N ($\mu=0$; $\sigma^2=1$) bringen, d.h. bei der normierten Form ist $\sigma = 1$ und $\mu = 0$. Damit stellt sich die sogenannte Normalform der Normalverteilung als

$$f(u) = \frac{1}{\sqrt{2\pi}} e^{-\frac{u^2}{2}} \quad (28)$$

und die zugehörige Integralfunktion als

$$F(u) = \frac{1}{\sqrt{2\pi}} \int_{-\infty}^{u} e^{-\frac{u^2}{2}} du \qquad (29)$$

ein.

Die *standardisierte Normalverteilung* (siehe Bild 4.5) liegt ausgewertet tabelliert vor, siehe Anhang.

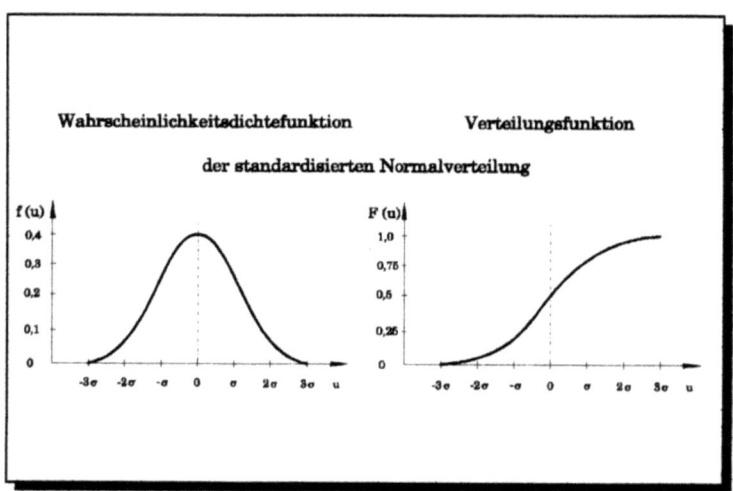

Bild 4.5: Wahrscheinlichkeitsdichtefunktion f(u) und Verteilungsfunktion F(u) der standardisierten Normalverteilung

Gegenüberstellend ist hierzu nochmals in Bild 4.6 die Wahrscheinlichkeitsdichtefunktion f(x) und die Verteilungsfunktion F(x) der *allgemeinen Normalverteilung* aufgezeigt.

4 Wahrscheinlichkeitsrechnung quantitativer Merkmale

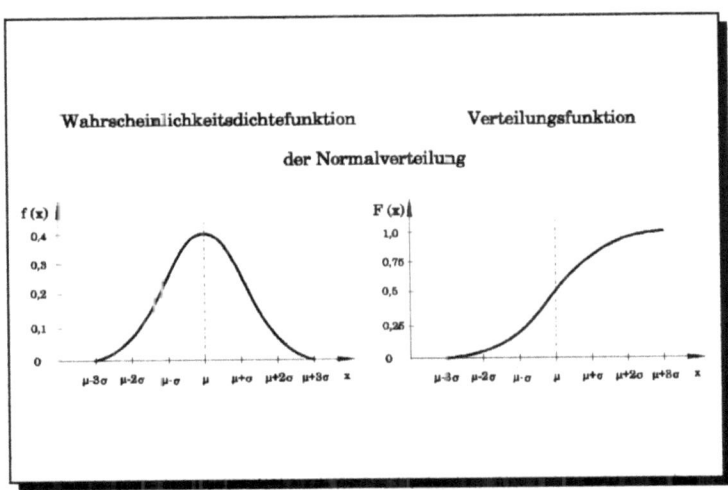

<u>Bild 4.6</u>: Wahrscheinlichkeitsdichtefunktion f(x) und Verteilungsfunktion F(x) der allgemeinen Normalverteilung

Die normierte (standardisierte) Normalverteilung ist über den ganzen Bereich $-\infty < X < +\infty$ definiert, sie enthält jedoch schon im Bereich

$$\mu - 3\sigma \leq x \leq \mu + 3\sigma$$

99,73 % der Gesamtfläche unter der Kurve.
In tabellierter Form ist, wie schon vorstehend erwähnt, die standardisierte Normalverteilung auf die Variable

$$u = \frac{x-\mu}{\sigma}$$

bezogen.

Dabei werden gewöhnlich folgende Beziehungen eingeführt:

u < 0 : F(-u)   Ist der Flächenanteil der Verteilung im Bereich von $-\infty$ bis -u.

u ≥ 0 : F(u)   Ist der Flächenanteil der Verteilung im Bereich von $-\infty$ bis u.

Q(u)   Ist der Flächenanteil der Verteilung im Bereich von u bis ∞.

F(u)-Q(u)   Ist der Flächenanteil der Verteilung im Bereich von -u bis u.

Desweitern ist noch zu beachten, daß

$$F(-u) = Q(u).$$

ist.

Die Fläche unterhalb der Verteilungskurve

$$F(u) = \int_{-\infty}^{\infty} f(u)\, du = 1$$

entspricht somit der Wahrscheinlichkeit, daß 100 % der Ereignisse erfaßt sind. Dementsprechend können durch F(u) und Q(u) (siehe auch Bild 4.7) anteilige Wahrscheinlichkeiten ausgedrückt werden, die entweder als Gutteile oder Ausschuß zu interpretieren sind.

4 Wahrscheinlichkeitsrechnung quantitativer Merkmale

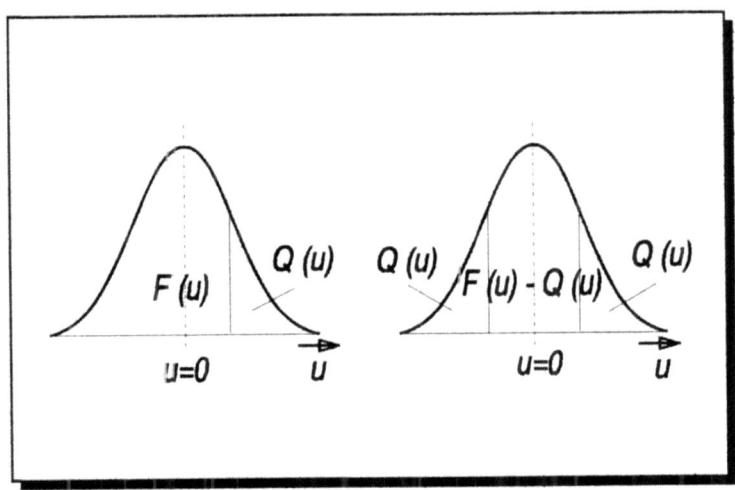

Bild 4.7: Flächenanteile unter der normierten Normalverteilung /6/

Die Nomenklatur der Statistik sieht für die Bezeichnung des Mittelwertes, wie auch für die Varianz bzw. Standardabweichung, eine unterschiedliche Kennzeichnung je nach dem Anwendungsfall vor.

Es ist üblich, die Varianz einer Zufallsvariablen mit σ^2 oder mit D^2X zu bezeichnen, in Anlehnung an den ebenfalls gebräuchlichen Ausdruck Dispersion.

Bei empirisch gegebenen Daten wird in Korrespondenz zu σ^2 das Symbol s^2 verwendet. Und der Mittelwert μ korrespondiert mit $\bar{x}$.

Hierzu ist nachfolgend noch eine einsichtige Gegenüberstellung gegeben worden.

Maßzahlen für:	**Wahrscheinlichkeits-**	**Häufigkeitsverteilung**
Mittelwert	μ, EX	$\bar{x}$
Varianz	σ^2, D^2X	s^2
Standardabweichung	σ	s .

Der globale Zusammenhang dieser beiden Verteilungsbereiche ist in Bild 4.8 dargestellt.

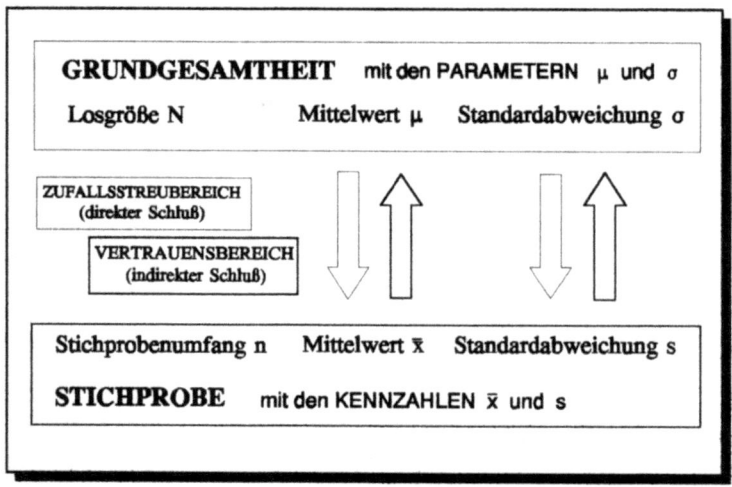

Bild 4.8: Beziehung zwischen Grundgesamtheit und Stichprobenumfang

Aus Bild 4.8 läßt sich folgender Zusammenhang ableiten: der Mittelwert $\bar{x}$ der Stichprobe ist nur ein Schätzwert für den Mittelwert μ der Grundgesamtheit.
Zu diesem Schätzwert $\bar{x}$ läßt sich ein Intervall angeben, das Intervall $\pm \sigma$.

Dieses Intervall um den Schätzwert $\bar{x}$, das den Parameter mit einschließen soll, heißt Vertrauensbereich. Durch eine Änderung der Größe des Vertrauensbereiches mit Hilfe eines entsprechenden Faktors, läßt sich prozentual festlegen, wie sicher die Aussage ist, daß das Vertrauensintervall den Parameter der Grundgesamtheit auch enthält.

Für eine Aussagewahrscheinlichkeit, z.B. von P = 95 %, ist u = 1,96, und damit ergibt sich der Vertrauensbereich des Mittelwertes zu

4 Wahrscheinlichkeitsrechnung quantitativer Merkmale

$$\mu = \bar{x} \pm u \frac{\sigma}{\sqrt{n}} = \bar{x} \pm 1{,}96 \frac{\sigma}{\sqrt{n}} \ .$$

Für eine Aussagewahrscheinlichkeit von P = 99,99 % ist u = 3,89, und der sich daraus ergebende Vertrauensbereich des Mittelwertes somit

$$\mu = \bar{x} \pm 3{,}89 \frac{\sigma}{\sqrt{n}} \ .$$

Hieran ist zu erkennen, je größer die Aussagewahrscheinlichkeit ist, desto größer ist auch der vorhandene Vertrauensbereich.

Graphisch ergeben sich für die Toleranzgrenzen 2σ, 4σ, 6σ und 8σ die in Bild 4.9 dargestellten prozentualen Aussagewahrscheinlichkeiten.

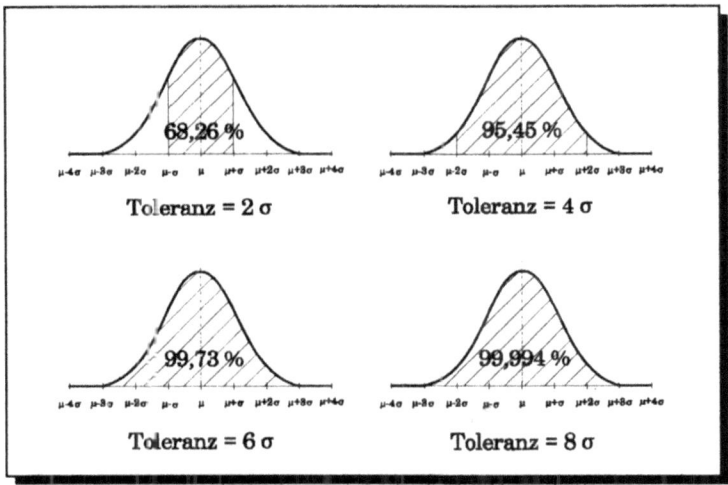

Bild 4.9: Verteilungsfunktionen der Normalverteilung mit unterschiedlichen σ-Grenzen

An dem folgenden kleinen Beispiel nach /6/ soll dieses verdeutlicht werden:
Wellen sollen nach Zeichnung auf einer Drehbank auf das Maß d = 20 ± 0,05 mm gefertigt werden.
Nach der Herstellung von n Wellen, stellt man fest, daß das hergestellte Los normalverteilt ist. Der Mittelwert μ ergibt sich zu 20,01 mm und die Standardabweichung σ zu 0,03 mm.
Gesucht wird nun der fehlerhafte Anteil der Fertigung, sprich der Anteil der Wellen die unterhalb des Kleinstmaßes G_u = 19,95 mm und oberhalb des Größtmaßes G_o = 20,05 mm liegen.
Aus Gl.(27) folgt:

$$u_o = \frac{G_o - \mu}{\sigma} = \frac{20,05 - 20,01}{0,03} = 1,33 \; .$$

Die Größe u_o ist der Abstand zwischen μ und G_o in σ-Einheiten.
Damit ist der Abstand zwischen μ und G_u in σ-Einheiten gleich:

$$u_u = \frac{G_u - \mu}{\sigma} = \frac{19,95 - 20,01}{0,03} = -2 \; .$$

Aus der Vertafelung von u, siehe u-Tabelle im Anhang, ergibt sich für:

u_o = 1,33	Q(u) = 0,09176	9,17 %
u_u = -2	Q(u) = 0,02275	2,27 %

demzufolge liegen oberhalb von G_o = 9,17 % und unterhalb von G_u = 2,27 %.
Das hat einen Gesamtfehleranteil von p = 11,44 % und somit einen Anteil im Toleranzfeld von 1-p = 88,56 % zufolge.
Im umseitigen <u>Bild 4.10</u> ist die dem Beispiel zugrunde liegende Normalverteilung aufgetragen, und zwar zu Vergleichszwecken mit der Merkmalachse x und der normierten Achse u.

4 Wahrscheinlichkeitsrechnung quantitativer Merkmale

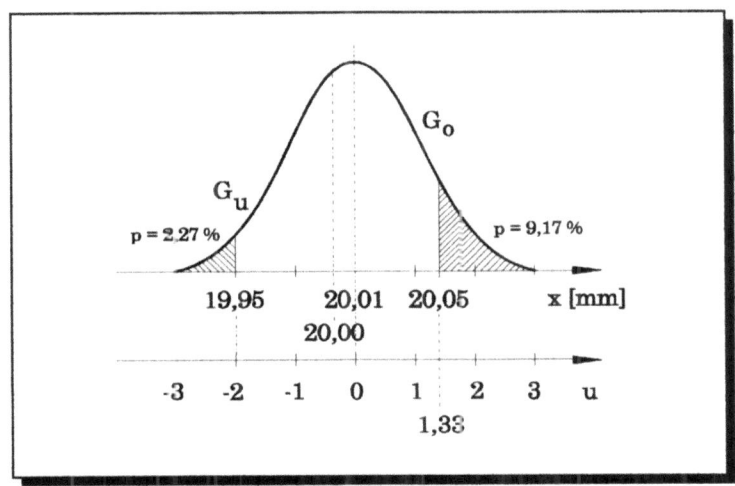

<u>Bild 4.10</u>: Normalverteilte Wellendurchmesser und Toleranzfeld nach /6/

Ist wie im angeführten Beispiel der Mittelwert μ und die Standardabweichung σ der gefertigten Wellen, die sogenannte Grundgesamtheit, bekannt, so kann wie die Rechnung zeigt, ein exakter Zufallsstreubereich angegeben werden. Der besagt, daß in dessen Grenzen ein bestimmter prozentualer Anteil der Grundgesamtheit liegen wird. Alles, was außerhalb liegt, wird bei der Annahme von festen Grenzen dann als unzulässig angesehen werden können. Umgekehrt können rückwärts auch zu einem Zufallsstreubereich die Grenzen bestimmt werden. Nehmen wir an, zu dem vorstehenden Beispiel sollte die Toleranz so festgelegt werden, daß 99 % der Wellen in das Toleranzfeld fallen.

Bei normalverteilter Grundgesamtheit ist der *Zufallsstreubereich* für 99 %, bei beiseitiger Abgrenzung u = 2,58, nach der u-Tabelle,

$$x = \mu \pm u \cdot \sigma = 20{,}01 \text{ mm} \pm 2{,}58 \cdot 0{,}03 \text{ mm},$$

daraus ergibt sich der ZB zu

$$19{,}9326 \text{ mm} \leq x \leq 20{,}0874 \text{ mm}.$$

4.2.3 Nichtnormale Wahrscheinlichkeitsverteilungen

Sind der Mittelwert und die Standardabweichung hinsichtlich eines Prozesses stabil, so kommt es wie z.b. bei den Eigenschaften der Population in der Natur, in der Regel zu einer Normalverteilung. Sind jedoch einer oder beide Parameter instabil (veränderlich), z.B. tritt beim Fertigungsvorgang des Drehens eine kontinuierliche Abnutzung des Drehmeißels auf, so stellt sich keine Normalverteilung ein, sondern es entstehen sogenannte Mischverteilungen. Diese Mischverteilungen sind bei gleichen Parametern μ oder σ gegenüber einer Normalverteilung schmaler.

In ihrer Formenvielfalt lassen sich die Mischverteilungen durch
- Dreiecke,
- Trapeze
oder
- Rechtecke

beschreiben. Diese Formen geben dann auch den Verteilungen ihren Namen. Man spricht dann von einer Dreiecks-, Trapez- oder Rechteckverteilung. Hierbei ist die Rechteckverteilung die schmalste. Desweitern unterscheidet man noch Mischverteilungen 1. und 2. Art:

- Mischverteilungen 1. Art treten dann auf, wenn eine stetige Änderung eines oder beider Parameter μ oder σ eintritt. Ob diese stetige Änderung linear oder progressiv bzw. degressiv ist, ist hierbei gleich.
  In der Praxis tritt diese stetige Änderung der Parameter z.B. durch die Erwärmung in einer Maschine auf.

- Mischverteilungen 2. Art treten dann auf, wenn es sich um eine sprunghafte Änderung eines oder beider Parameter handelt. Eine sprunghafte Veränderung der Prozeßparameter tritt dann auf, wenn z.B. zwei Lose gleichen Umfangs (Losgröße) gemischt werden.
  Es entsteht dann eine zweigipflige Verteilung.

4 Wahrscheinlichkeitsrechnung quantitativer Merkmale

Die verschiedenen Arten von Mischverteilungen werden in den folgenden Kapiteln dieses Manuskriptes noch näher mit Beispielen erläutert.

Zusammenfassend sei noch einmal festgestellt, daß sich eine Normalverteilung bei einer überwachten Serienfertigung hinreichender Losgröße ergibt. Liegen diese Bedingungen nicht vor, so stellen sich in der Praxis andere Verteilungen ein.

Eine Rechteckverteilung ist danach die Umhüllende um eine zeitlich veränderliche Normalverteilung. Diese ist also anzusetzen, wenn der Mittelwert (Mittenmaß μ) infolge Einstellfehler oder Verschleiß nicht konstant ist.

Eine Dreieckverteilung tritt hingegen auf, wenn nur wenige Meßwerte vorliegen und die Dreieckform dann als Approximation der Normalverteilung herangezogen wird.

4.3 Faltung von Verteilungsfunktionen

Ein im weiteren wichtiger Punkt ist die Faltung von Verteilungen. Hierhinter steht die Notwendigkeit, eine Aussage über die Addition von Maßen machen zu können.

Eine Faltung beinhaltet somit die Addition zweier oder mehrerer Verteilungsfunktionen. Dabei können die Verteilungsfunktionen unterschiedliche Formen aufweisen, d.h. eine Dreiecksverteilung kann mit einer Rechteckverteilung usw. gefaltet werden. Das Ergebnis einer solchen Faltoperation ist die Wahrscheinlichkeitsverteilung dieser Überlagerung, das sogenannte Faltprodukt.
Für zwei diskrete Verteilungen P1 und P2 ergibt sich das Faltprodukt zu:

$$P(x) = \sum_{i=-\infty}^{\infty} P1(i) \cdot P2(x-i) . \tag{30}$$

Durch diese Gleichung ist dann die diskrete Verteilung der Summe bekannt.

Für stetige Verteilungen gilt analog die Bildung der Verteilungsdichte P(x) aus den Verteilungen der Summanden P1(x) und P2(x) nach:

$$P(x) = \int_{y=-\infty}^{\infty} P1(x-y) \cdot P2(y) \, dy . \tag{31}$$

Zur Bildung einer Verteilungsfunktion durch eine Faltung aus n Einzelverteilungen muß über (n-1) Parameter integriert bzw. summiert werden, so daß sich in der Ausführung dieser Rechnung praktisch ein iteratives Verfahren ergibt:

$$P(x)_{ges} = \{[(P1(x) * P2(x)) * P3(x)] * P4(x)\} * \ldots \tag{32}$$

Anmerkung: * bezeichnet eine Faltoperation.

4 Wahrscheinlichkeitsrechnung quantitativer Merkmale

Für die Auswertung der Gleichung ist anzumerken, daß gegebenenfalls noch das Kommutativgesetz

$$P1(x) * P2(x) = P2(x) * P1(x) \qquad (33)$$

und das Assoziativgesetz

$$[P1(x) * P2(x)] * P3(x) = P1(x) * [P2(x) * P3(x)] \qquad (34)$$

berücksichtigt werden muß.

Der Mittelwert μ eines Faltproduktes setzt sich weiter noch linear aus den Mittelwerten der Ausgleichsverteilungen zusammen:

$$\mu_{ges} = \sum_{i=1}^{n} \mu_i \, . \qquad (35)$$

Die Standardabweichung σ läßt sich als Spezialfall aus dem Abweichungsfortpflanzungsgesetz für mittlere Abweichungen herleiten. Dieses wird in Kapitel 4.3.1 näher ausgeführt.

In Bild 4.11 sind einige typische Verteilungsfunktionen in verschiedenen Faltungskonstellationen symbolisch für jeweils *zwei Verteilungen* mit dem sich aus der Faltung resultierenden Ergebnis aufgezeigt.

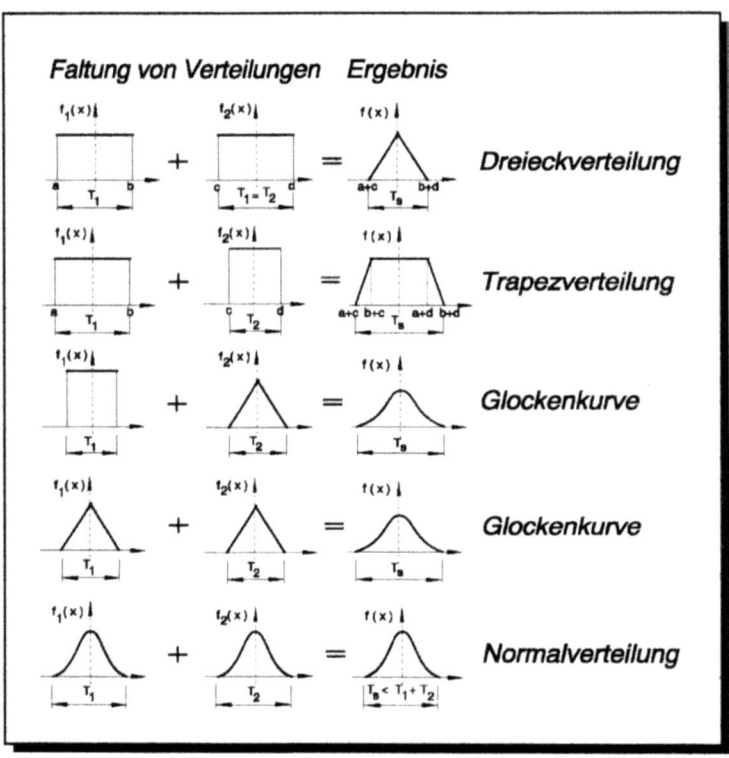

Bild 4.11: Symbolische Darstellung der Faltung jeweils zweier verschiedener Verteilungsfunktionen und deren Ergebnis

Die Faltoperationen beschränken sich nicht nur auf Faltungen von Wahrscheinlichkeitsverteilungen, sondern es ist auch möglich, Häufigkeitsverteilungen zu falten. Durch die Faltoperationen nehmen die Faltprodukte letztlich eine Normalverteilung an. Dies gilt auch für die Verteilungen, die von der Normalverteilung abweichen.
Durch den Faltungsprozeß werden nämlich die Abweichungen der Verteilungen von der Normalverteilung ausgeglichen, desto mehr Faltoperationen also durchgeführt werden umso genauer nimmt das Faltprodukt die Form der Normalverteilung an.

4 Wahrscheinlichkeitsrechnung quantitativer Merkmale

4.3.1 Abweichungsfortpflanzungsgesetz

Dieses Gesetz wird allgemein auch als Fehlerfortpflanzungsgesetz bezeichnet und ist eine wesentliche Grundlage der statistischen Tolerierung.

Nach Gauß besagt dieses Gesetz, daß *die Summe der Varianz aus derselben oder verschiedenen Grundgesamtheiten gleich der Summe der Einzelvarianzen ist*

$$\sigma_{ges}^2 = \sum \sigma_i^2 \ . \tag{36}$$

Das Abweichungsfortpflanzungsgesetz gibt allgemein den mittleren Fehler m_x einer Funktion $f(x_1, x_2, \ldots, x_n)$ an, die die Größen $x_1, x_2, \ldots, x_n$ enthält, die ihrerseits mit den jeweiligen mittleren Fehlern $m_1, m_2, m_3, \ldots, m_n$ behaftet sind:

$$m_x^2 = \left(\frac{\partial f}{\partial x_1}\right)^2 \cdot m_1^2 + \left(\frac{\partial f}{\partial x_2}\right)^2 \cdot m_2^2 + \ldots\ldots + \left(\frac{\partial f}{\partial x_n}\right)^2 \cdot m_n^2$$

$$m_x = \sqrt{\sum_{i=1}^{n} \left(\frac{\partial f}{\partial x_i}\right)^2 \cdot m_i^2} \ . \tag{37}$$

Wegen der formalen Übereinstimmung der Definitionen von mittlerem Fehler und Standardabweichung gilt unter dieser Voraussetzung auch:

$$\sigma_x = \sqrt{\sum_{i=1}^{n} \left(\frac{\partial f}{\partial x_i}\right)^2 \cdot \sigma_i^2} \ . \tag{38}$$

Und mit

$$x = f(1,2,3,...,n)$$

folgt insbesondere die Gl.(36)

$$\sigma_x = \sqrt{\sum_{i=1}^{n} \sigma_i^2}\ .$$

4.3.2 Der Zentrale Grenzwertsatz

Der Zentrale Grenzwertsatz, 1812 von Laplace entwickelt und 1901 von Liapunoff bewiesen, besagt, *daß eine Zufallsgröße annähernd normalverteilt ist, wenn diese als Summe einer großen Anzahl voneinander unabhängiger Summanden aufgefaßt wird, von denen jeder zur Summe nur einen unbedeutenden Beitrag liefert.*

D.h.: Werden Stichproben vom Umfang n aus ein und derselben Grundgesamtheit zufällig entnommen, wird das Verteilungsgesetz der arithmetischen Mittel $\bar{x}$ dieser Stichproben mit zunehmender Anzahl von n stochastisch (zufällig) gegen das Normalverteilungsgesetz streben.

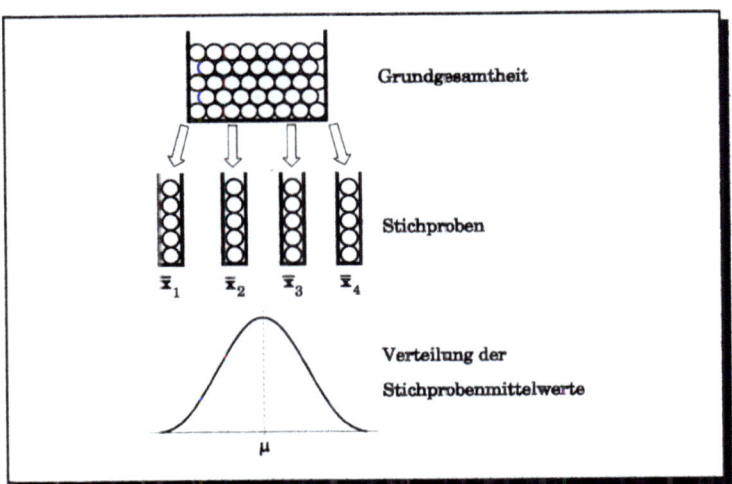

Bild 4.12: Graphische Darstellung des Zentralen Grenzwertsatzes

Dieses gilt ab n = 5 Verteilungen und bedeutet für die Anwendung auf Maßketten, daß bei einer Faltung von 5 verschiedenen oder gleichen Verteilungen die Verteilung des Schließmaßes einer Normalverteilung entspricht:

$$\lim_{n \to \infty} F_n(x) = \frac{1}{\sqrt{2\pi}} \int_{-\infty}^{x} e^{-\frac{1}{2}t^2} \, dt \, . \tag{39}$$

5 Systeme von Zufallsvariablen und deren Berechnung

5.1 Lineare Transformation von Zufallsvariablen

Wie vorstehend schon ausgeführt, wird das Resultat der Verteilung einer Summe von unabhängigen Zufallsvariablen aus den bekannten Verteilungen der Summanden als Faltung dieser Verteilungen bezeichnet.

Sind X und Y unabhängige Zufallsgrößen, dann bestimmt sich die Verteilung der Zufallsgröße Z = X + Y aus der Gleichung

$$P(Z=z_i) = \sum_j P(X=x_j) \cdot P(Y=z_i-x_j) = \sum_k P(Y=y_k) \cdot P(X=z_i-y_k) , \qquad (40)$$

dabei ist die Summe über alle möglichen Werte der Zufallsgrößen zu nehmen.

Sind X und Y stetige Zufallsgrößen, so ergibt sich die Zufallsgröße Z = X + Y aus dem Faltungsintegral nach Gl.(31) zu

$$f(z) = \int_{-\infty}^{\infty} f(x) \cdot f(z-x) \, dx = \int_{-\infty}^{\infty} f(y) \cdot f(z-y) \, dy , \qquad (41)$$

und die Verteilungsfunktion F(z) erhält man aus

$$F(z) = \iint_{x+y<z} f(x) \cdot f(y) \, dx \, dy . \qquad (42)$$

5 Systeme von Zufallsvariablen und deren Berechnung

5.2 Summe unabhängiger normalverteilter Variablen

Im Hinblick auf die Maß- und Toleranzproblematik seien $X_1, X_2, \ldots, X_n$ unabhängige normalverteilte Zufallsvariablen mit den Mittelwerten $\mu_1, \mu_2, \ldots, \mu_n$ und den Varianzen $\sigma^2_1, \sigma^2_2, \ldots, \sigma^2_n$.

Dann ist auch die Zufallsvariable

$$X = X_1 + X_2 + \ldots + X_n \qquad (43)$$

also die Linearkombination (sprich Maßkette) normalverteilt und hat nach Gl. (35) den Mittelwert

$$\mu = \mu_1 + \mu_2 + \ldots + \mu_n$$

und die Varianz

$$\sigma^2 = \sigma_1^2 + \sigma_2^2 + \ldots + \sigma_n^2 . \qquad (44)$$

Daß die Zufallsvariable X auch nach der Faltoperation wieder normalverteilt sein wird, kann an dem folgenden Beispiel induktiv bewiesen werden:

Wir betrachten $n = 2$ normalverteilte Variablen. Also ist X nach Gl. (43), $X = X_1 + X_2$, dies entspricht in den vorherigen Gleichungen $Z = X + Y$.

Nach Voraussetzung soll X_1 die Wahrscheinlichkeitsdichte

$$f_1(x) = \frac{1}{\sqrt{2\pi}\,\sigma_1} e^{-\frac{1}{2}\left(\frac{x-\mu_1}{\sigma_1}\right)^2},$$

haben.

Analog hat auch X_2 die Wahrscheinlichkeitsdichte

$$f_2(x) = \frac{1}{\sqrt{2\pi}\,\sigma_2} e^{-\frac{1}{2}\left(\frac{x-\mu_2}{\sigma_2}\right)^2}.$$

Dementsprechend hat dann $X = X_1 + X_2$ nach Gl.(41) die Dichte

$$f(x) = \int_{-\infty}^{\infty} f_1(x-y) \cdot f_2(y)\, dy,$$

daraus folgt

$$f(x) = \frac{1}{2\pi\sigma_1\sigma_2} \int_{-\infty}^{\infty} e^{-\frac{1}{2}\left(\frac{(x-y-\mu_1)^2}{\sigma_1^2} + \frac{(y-\mu_2)^2}{\sigma_2^2}\right)} dy.$$

Für den zu führenden Beweis ersetzt man jetzt den Ausdruck in der eckigen Klammer durch $V = V^2{}_1 + V^2{}_2$, dabei soll

5 Systeme von Zufallsvariablen und deren Berechnung

$$V_1 = \frac{\sigma}{\sigma_1 \cdot \sigma_2}\left(y - \frac{\sigma_1^2 \cdot \mu_2 + \sigma_2^2(x-\mu_1)}{\sigma^2}\right)$$

und

$$V_2 = \frac{x-\mu}{\sigma},$$

sein.

Des weiteren ist $\mu = \mu_1 + \mu_2$ und $\sigma^2 = \sigma_1^2 + \sigma_2^2$.

V_2^2 hängt nicht von y ab, kann also aus dem Integral herausgezogen werden, man erhält so

$$f(x) = \frac{1}{2\pi\sigma_1\sigma_2} e^{-\frac{1}{2}V_2^2} \int_{-\infty}^{\infty} e^{-\frac{1}{2}V_1^2}\, dy.$$

Jetzt wird V_1 als neue Integrationsvariable eingeführt, d.h. $\tau = V_1$. So folgt

$$\frac{d\tau}{dy} = \frac{\sigma}{\sigma_1 \cdot \sigma_2},$$

bzw. weiter

$$dy = \left(\frac{\sigma_1 \cdot \sigma_2}{\sigma}\right) d\tau.$$

Das ergibt dann

$$f(x) = \frac{1}{2\pi\sigma} e^{-\frac{1}{2}V_2^2} \int_{-\infty}^{\infty} e^{-\frac{1}{2}\tau^2} d\tau .$$

Das verbleibende Integral hat den Wert $(2\pi)^{0,5}$, daraus ergibt sich

$$f(x) = \frac{1}{\sqrt{2\pi}\ \sigma} e^{-\frac{1}{2}\left(\frac{x-\mu}{\sigma}\right)^2} ,$$

dies ist bekannt als Normalverteilung.

Für n=2 ist demnach die Wahrscheinlichkeitsdichte nach der Faltoperation ebenfalls wieder normalverteilt. Dieser Beweis kann auch für n > 2 geführt werden.

5.3 Summe unabhängiger rechteckigverteilter Variablen

Die Wahrscheinlichkeitsdichte aus der Summe zweier normalverteilter Variablen ergibt nach der Faltoperation ebenfalls wieder eine normalverteilte Wahrscheinlichkeitsdichte; so wie dies vorstehend bewiesen wurde.
Damit stellt sich die Frage: Welche Wahrscheinlichkeitsdichte ergibt sich nach der Faltung zweier Rechteckverteilungen mit unabhängigen Variablen und unterschiedlichen Spannweiten?

Derartige Rechteckverteilungen treten beispielsweise in der Fertigung beim Drehen auf, wo die Verteilungsfunktion durch den systematischen Einflußfaktor, stetige Abnutzung des Drehmeißels, bestimmt wird.

Das Resultat dieser Faltoperation soll im folgenden allgemein dargestellt werden. Es seien die beiden stetigen Rechteckfunktionen $f(x_1)$ und $g(x_2)$ mit den Spannweiten $R_2 > R_1$, Bild 5.1, gegeben.

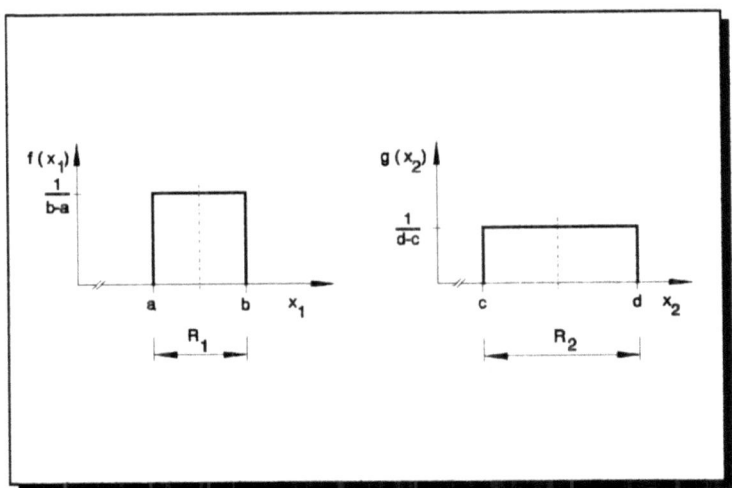

Bild 5.1: Rechteckverteilungen mit unterschiedlichen Spannweiten

Anmerkung: Die Fläche unterhalb einer Verteilungsfunktion hat immer die Größe Eins. Die Spannweite R ist identisch mit der Toleranz T.

Nach Gl.(15) gilt für die Verteilungsfunktion F(x)

$$F(x_1) = \int_{-\infty}^{\infty} f(x_1)\, dx_1 = \int_{a}^{b} \frac{1}{b-a}\, dx_1 = 1$$

und

$$F(x_2) = \int_{-\infty}^{\infty} g(x_2)\, dx_2 = \int_{c}^{d} \frac{1}{d-c}\, dx_2 = 1\;.$$

Die Dichte der Summe für die Faltung von X_1 und X_2 ergibt sich nach Gl.(41) zu

$$f(z) = \int_{-\infty}^{\infty} f(x_1) \cdot g(z-x_1)\, dx_1\;.$$

Für das Beispiel ergibt das

$$f(z) = \int_{x_{1_{min}}}^{x_{1_{max}}} \left(\frac{1}{b-a} \cdot \frac{1}{d-c} \right) dx_1$$

$$f(z) = \frac{1}{(b-a) \cdot (d-c)} \int_{x_{1_{min}}}^{x_{1_{max}}} dx_1$$

5 Systeme von Zufallsvariablen und deren Berechnung

$$f(z) = \frac{1}{(b-a) \cdot (d-c)} (x_{1_{max}} - x_{1_{min}}). \quad (45)$$

Die Dichteverteilung ist somit nicht konstant, sondern teilt sich bei n-Verteilungen in $2^n - 1$ Intervalle auf.

Dieses wird in der folgenden Abbildung graphisch noch einmal verdeutlicht.

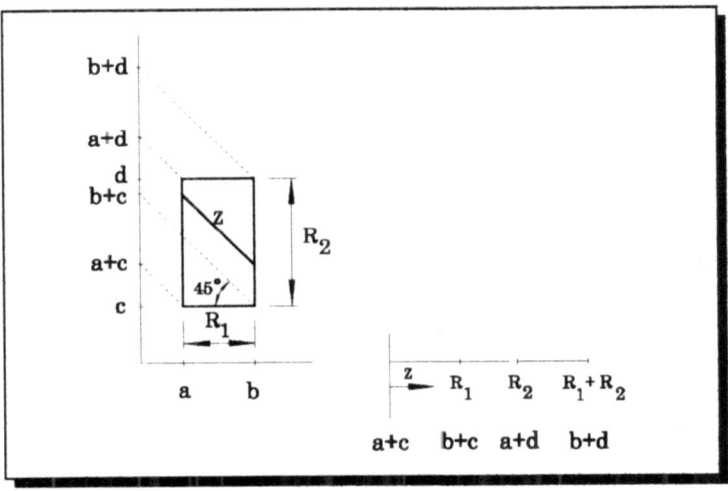

Bild 5.2: Graphische Darstellung der Faltsumme und die Intervallaufteilung zweier Rechteckfunktionen mit unterschiedlichen Spannweiten

Aus Bild 5.2 sind somit folgende Randbedingungen zu entnehmen:

$$f(z=(a+c)) = 0$$

$$f(z=(b+d)) = 0.$$

Im Intervall [(b+c), (a+d)] ist hingegen f(z) = konstant.
Diese geometrische Abhängigkeit von Z an dem Beispiel der diskreten Wahrscheinlichkeitsdichte für die Faltung zweier Würfel zeigt numerisch in Bild 5.3 folgende Verteilung:

Summen	2	3	4	5	6	7	8	9	10	11	12
						5+2					
					3+3	2+5	4+4				
Mögliche				3+2	4+2	4+3	5+3	5+4			
Würfelkonstellationen			2+2	2+3	2+4	3+4	3+5	4+5	5+5		
		2+1	3+1	4+1	5+1	6+1	6+2	6+3	6+4	6+5	
	1+1	1+2	1+3	1+4	1+5	1+6	2+6	3+6	4+6	5+6	6+6
Möglichkeiten	1	2	3	4	5	6	5	4	3	2	1

Bild 5.3: Häufigkeit der Summen zweier diskreter Variablen

D.h., das Faltprodukt aus zwei Rechteckverteilungen mit gleicher Spannweite ergibt eine Dreieckverteilung.

Die 36 Kombinationsmöglichkeiten verteilen sich wie erwartet nicht gleichmäßig über die Spannweite von 2 bis 12, sondern sie häufen sich in der Mitte.
Dies ist auch in der geometrischen Darstellung von $Z = X_1 + X_2$ in Bild 5.4 zu sehen.

5 Systeme von Zufallsvariablen und deren Berechnung

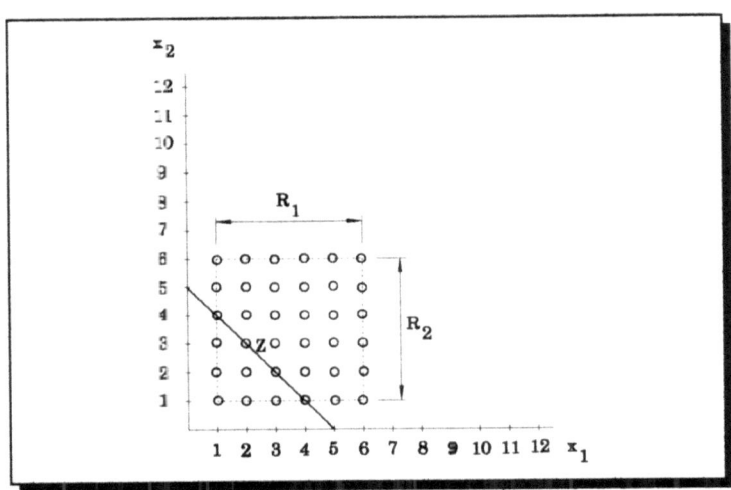

<u>Bild 5.4</u>: Graphische Darstellung der Häufigkeitsverteilung einer Faltsumme zweier diskreter Variablen mit gleicher Spannweite

Dem eingezeichneten Beispiel in <u>Bild 5.4</u> kann man entnehmen, daß die Anzahl für eine mögliche Würfelkonstellation für die Summe 5 gleich 4mal möglich ist.

In der graphischen Darstellung der Häufigkeitsverteilung in <u>Bild 5.4</u> ist auch aufgrund der gleichen Spannweiten beider Verteilungen die Intervallaufteilung der Wahrscheinlichkeitsdichte in nur zwei Intervalle zu erkennen.

Die Dichteverteilung wird von dem Wert 2 linear auf den Maximalwert 7 ansteigen und symmetrisch linear auf den Wert 12 abfallen.

Im Gegensatz hierzu, stellt sich für das Ergebnis der Faltung zweier ungleichgroßer Spannweiten eine andere Intervallaufteilung für die Wahrscheinlichkeitsdichte ein.

Dargestellt in <u>Bild 5.2</u> sind dies:

$$f(z) = \begin{cases} \text{für} & (a+c) \leq z \leq (b+c) \\ \text{für} & (b+c) \leq z \leq (a+d) \\ \text{für} & (a+d) \leq z \leq (b+d). \end{cases}$$

Angewandt auf Gl.(45) bedeutet dies, daß drei verschiedene x_{1min} und drei verschiedene x_{1max} existieren.

Für das erste Intervall ist

$$x_{1min} = a \quad \text{und} \quad x_{1max} = z - c,$$

im zweiten ist

$$x_{1min} = a \quad \text{und} \quad x_{1max} = b$$

und im dritten ist

$$x_{1min} = z - d \quad \text{und} \quad x_{1max} = b.$$

In der folgenden Analogie für die drei Intervalle stellt sich die Wahrscheinlichkeitsdichte so dar:

$$f(z) = \frac{1}{(b-a) \cdot (d-c)}((z-c)-a) \quad \textit{für} \quad (a+c) \leq z \leq (b+c),$$

$$f(z) = \frac{1}{(b-a) \cdot (d-c)}(b-a) \quad \textit{für} \quad (b+c) \leq z \leq (a+d),$$

$$f(z) = \frac{1}{(b-a) \cdot (d-c)}(b-(z-d)) \quad \textit{für} \quad (a+d) \leq z \leq (b+d).$$

$$f(z) = 0 \qquad \textit{für} \quad z < (a+c) \textit{ oder } z > (b+d).$$

5 Systeme von Zufallsvariablen und deren Berechnung

Graphisch ist dies in Bild 5.5 dargestellt.

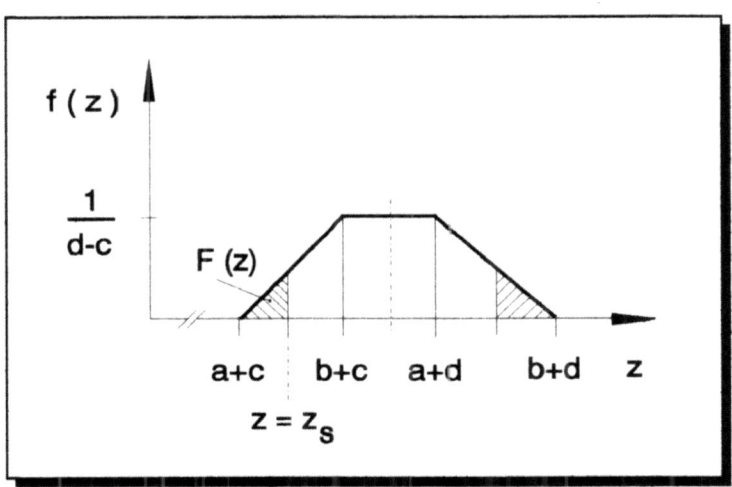

Bild 5.5: Wahrscheinlichkeitsdichte zweier überlagerter Rechteckverteilungen mit unterschiedlicher Spannweite

Integriert man die Wahrscheinlichkeitsdichte f(z), so erhält man die Verteilungsfunktion F(z), die es ermöglicht, eine prozentuale Aussage über die Verteilung der Funktion zu treffen. Für das erste Intervall ergibt sich dann die folgende Verteilungsfunktion:

$$f(z) = \frac{1}{(b-a) \cdot (d-c)} ((z-c)-a) \quad \textit{für} \quad (a+c) \leq z \leq (b+c)$$

$$F(z) = \int_{-\infty}^{\infty} f(z) \, dz$$

$$F(z) = \int_{(a+c)}^{z_s} \frac{1}{(b-a)\cdot(d-c)}((z-c)-a)\, dz$$

$$F(z) = \frac{1}{(b-a)\cdot(d-c)} \int_{(a+c)}^{z_s} (z-c-a)\, dz$$

$$F(z) = \frac{1}{(b-a)\cdot(d-c)} \left(\frac{z^2}{2} - cz - az\right)_{(a+c)}^{z_s}$$

$$F(z) = \frac{1}{(b-a)\cdot(d-c)} \left(\left(\frac{z_s^2}{2} - \frac{(a+c)^2}{2}\right) - (c\, z_s - c(a+c)) - (a\, z_s - a(a+c))\right),$$

$$\textit{im Intervall} \quad (a+c) \le z_s \le (b+c). \tag{46}$$

Für das zweite und dritte Intervall ergeben sich dann die Verteilungsfunktionen zu

$$F(z) = \frac{1}{d-c}(z_s(b+c)), \quad (b+c) \le z_s \le (a+d) \tag{47}$$

5 Systeme von Zufallsvariablen und deren Berechnung

und für das Intervall

$$(a+d) \le z_s \le (b+d)$$

gilt

$$F(z) = \frac{1}{(b-a) \cdot (d-c)} \left\{ (b(b+d) - b z_s) - \left(\frac{(b+d)^2}{2} - \frac{z_s^2}{2} \right) + (d(b+d) - d z_s) \right\}. \quad (48)$$

Diese allgemein gültige Beziehung beschreibt somit die Faltungssumme zweier Rechteckverteilungen und stellt als Verteilung ein Trapez dar. Die Anwendung soll an einem kleinen fiktiven Beispiel demonstriert werden.

Nimmt man an, bei einer Montage seien die beiden Paßmaße M_{P1} und M_{P2}, so wie im Bild 5.6 prinziphaft dargestellt, zu fügen. Gesucht ist das sich einstellende Schließmaß M_o.

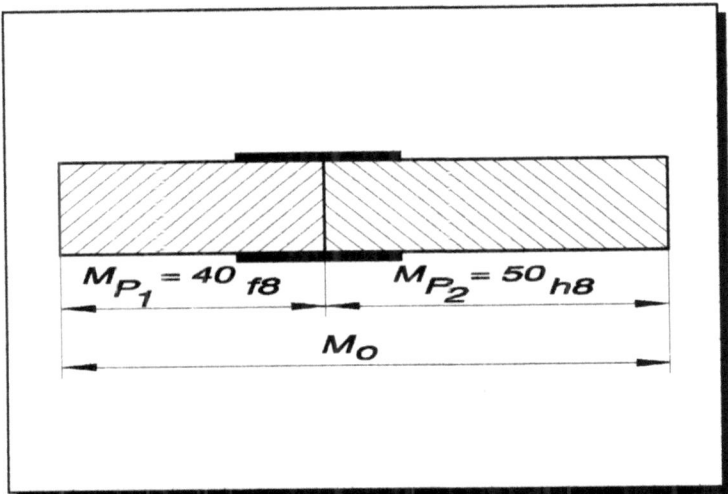

Bild 5.6: Längenaddition zweier Paßmaße

Zunächst ergeben sich nach der DIN 7157 für die beiden Paßmaße die folgenden Höchst- bzw. Mindestmaße:

$$M_{P_1} = 40_{f8} = 40_{-64}^{-25} \qquad G_{o_1} = 39{,}975 \; mm \qquad G_{u_1} = 39{,}936 \; mm$$

$$M_{P_2} = 50_{h8} = 50_{-46}^{0} \qquad G_{o_2} = 50 \; mm \qquad G_{u_2} = 49{,}954 \; mm \; .$$

Nach der arithmetischen Methode ergibt sich so für das resultierende Längenmaß M_0 aus den beiden Paßmaßen M_{P1} und M_{P2} folgendes Höchst- bzw. Mindestmaß:

$$P_o = 39{,}975 + 50 = 89{,}975 \; mm$$

und

$$P_u = 39{,}936 + 49{,}954 = 89{,}89 \; mm.$$

Für eine vorzunehmende statistische Tolerierung werden zunächst die Verteilungsfunktionen der gefertigten Bauteile festgestellt. Diese sollen für den unterstellten Fall gleichverteilt sein, d.h. eine Rechteckverteilung (s. Bild 5.7) aufweisen.

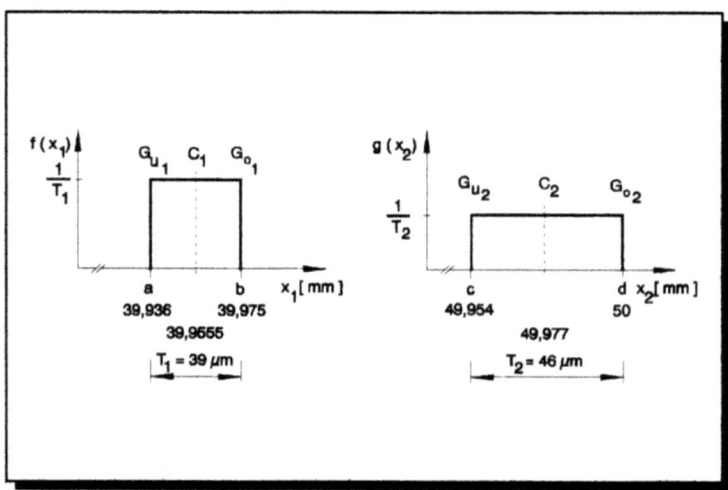

Bild 5.7: Verteilungsfunktionen der gefertigten Bauteile

5 Systeme von Zufallsvariablen und deren Berechnung

Nach <u>Bild 5.2</u> ergeben sich für die Faltung der beiden Rechteckfunktionen folgende Intervallgrenzen:

$$a+c = 39{,}936 + 49{,}954 = 89{,}89 \text{ mm}$$
$$b+c = 39{,}975 + 49{,}954 = 89{,}929 \text{ mm}$$
$$a+d = 39{,}936 + 50 = 89{,}936 \text{ mm}$$
$$b+d = 39{,}975 + 50 = 89{,}975 \text{ mm}.$$

Nach Gl.(45) stellt sich dann unter Berücksichtigung dieser Intervalle folgende Wahrscheinlichkeitsdichte der Faltsumme dar:

$$f(z) = \frac{1}{(b-a)\cdot(d-c)}((z-c) - a) \quad \textit{für} \quad (a+c) \le z \le (b+c),$$

$$f(z) = \frac{1}{(b-a)\cdot(d-c)}(b-a) \quad \textit{für} \quad (b+c) \le z \le (a+d),$$

$$f(z) = \frac{1}{(b-a)\cdot(d-c)}(b - (z-d)) \quad \textit{für} \quad (a+d) \le z \le (b+d).$$

$$f(z) = 0 \quad \textit{für} \quad z < (a+c) \;\textit{oder}\; z > (b+d).$$

Konkret bedeutet dies für das Zahlenbeispiel:

$$f(z) = \frac{1}{(39{,}975 - 39{,}936)\cdot(50 - 49{,}954)}((z - 49{,}954) - 39{,}936),$$

$$f(z) = \frac{1}{(50-49{,}954)},$$

$$f(z) = \frac{1}{(39{,}975 - 39{,}936) \cdot (50 - 49{,}954)}(39{,}975 - (z - 50)).$$

Graphisch dargestellt, ergibt sich die nachfolgende Häufigkeitsverteilung.

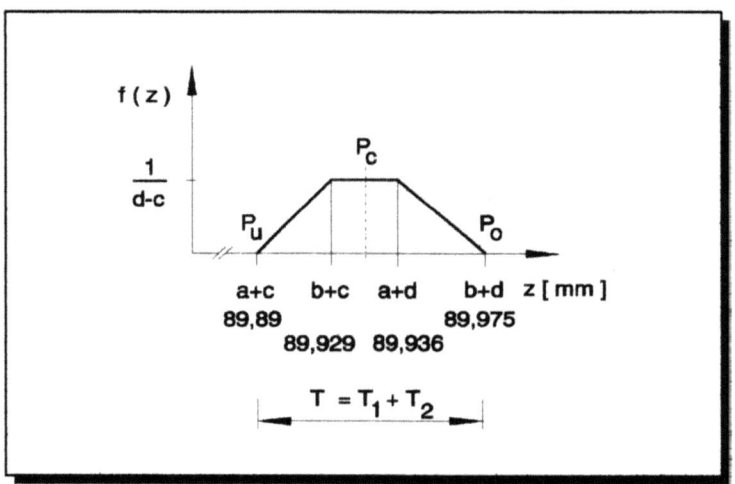

Bild 5.8: Häufigkeitsverteilung der Faltsumme aus den Verteilungsfunktionen der beiden Bauteile

Diese in Bild 5.8 gezeigte resultierende Häufigkeitsverteilung kann nunmehr bei der Baugruppenbildung dazu dienen, das Schließmaß mit statistischer Hilfe zu reduzieren, was gleichbedeutend mit einer Erweiterung des Toleranzfeldes ist.

Die arithmetische Methode ergibt hingegen ein Schließmaß von

$$M_o = P_c \pm \frac{P_o - P_u}{2}$$

$$M_o = 89{,}9325 \pm 0{,}0425 \ mm.$$

5 Systeme von Zufallsvariablen und deren Berechnung

Wenn die Teilsysteme innerhalb der vorgegebenen Toleranzen gefertigt werden, ist zu 100% gewährleistet, daß das Schließmaß M_o gegenüber der errechneten arithmetischen Schließmaßtoleranz keinen Fehleranteil aufweist.

In Bild 5.8 ist jedoch zu erkennen, daß das resultierende Schließmaß nicht über den gesamten Bereich zwischen Größtmaß P_o und Kleinstmaß P_u gleichverteilt ist. Es resultiert nämlich aus der Faltung von zwei Rechteckverteilungen eine Verteilungsfunktion mit der Form eines Trapezes.

Bei einer Vermehrung von Teilsystemen um M_{P3}, M_{P4},..., M_{Pn} würde sich die Verteilungsfunktion stetig symmetrisch um den Mittelwert konzentrieren und gegen die Gaußverteilung konvergieren. Dieses wird, wie im späteren Kapitel 5.4 noch näher erläutert werden wird, auch eine Reduzierung der Spannweite des Schließmaßes einer umfangreicheren Baugruppe zur Folge haben.

Nimmt man beispielsweise eine Reduzierung der Toleranz des Schließmaßes von z.B. 50 μm nach der arithmetischen Methode vor, so ergibt sich mit Hilfe der nachfolgenden Darstellung in Bild 5.9 das neue Schließmaß zu

$$P_o = 89{,}95 \; mm \quad \text{anstatt} \quad 89{,}975 \; mm,$$

$$P_u = 89{,}915 \; mm \quad \text{anstatt} \quad 89{,}89 \; mm$$

und somit würde sich das neue festgelegte Schließmaß zu

$$M_o = 89{,}9325 \pm 0{,}0175 \; mm \quad \text{anstatt} \quad 89{,}9325 \pm 0{,}0425 \; mm$$

ergeben.

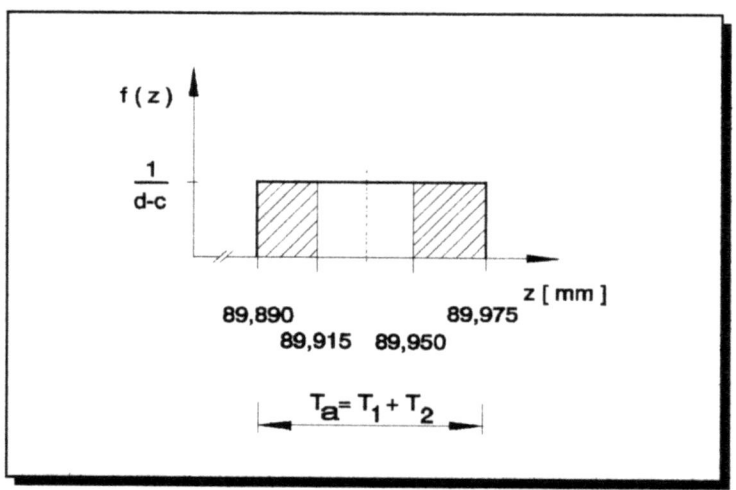

Bild 5.9: Häufigkeitsverteilung einer Baugruppe nach der arithmetischen Methode der Toleranzauslegung

Diese Reduzierung von ± 0,025 mm des Schließmaßes hätte die schraffierten Flächen in der Verteilungsfunktion zur Konsequenz, welche 58,82 % der Gesamtfläche repräsentieren. D.h., nach Berechnung der arithmetischen Methode der Toleranzauslegung würden bei einer Reduzierung des Schließmaßes um nur 0,05 mm, gegenüber der ursprünglichen Toleranzwahl von ± 0,0425 mm, jetzt 58,82 % der angefertigten Baugruppen außerhalb dieser Toleranzvorgabe liegen und gegebenenfalls aus funktionellen Gründen zu verwerfen sein.

Errechnet man jetzt nach der statistischen Methode den wahren Prozentsatz der nicht zu komplettierenden Baugruppen, so erhält man anhand von Gl.(46)

$$F(z) = \frac{1}{(39{,}975 - 39{,}936) \cdot (50 - 49{,}954)} \left(\left(\frac{89{,}915^2}{2} - \frac{(39{,}936 + 49{,}954)^2}{2} \right) \right.$$

$$- (49{,}954 \cdot 89{,}915 - 49{,}954 (39{,}936 + 49{,}954))$$

$$\left. - (39{,}936 \cdot 89{,}915 - 39{,}936 (39{,}936 + 49{,}954)) \right]$$

$$F(z) = 0{,}1744 \triangleq 17{,}44 \ \%.$$

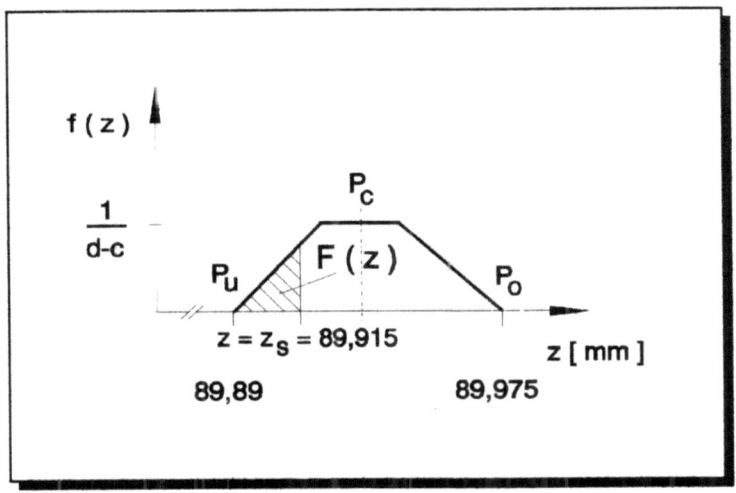

Bild 5.10: Häufigkeitsverteilung des reduzierten Schließmaßes

Aus der symmetrischen Gesetzmäßigkeit ergibt sich nach einer Toleranzreduzierung von 0,05 mm eine wahre prozentuale Toleranzüberschreitung der Baugruppen gegenüber der ursprünglichen von 34,88 %.

Das bedeutet für dieses Beispiel, daß der Fehleranteil ungefähr um die Hälfte geringer ist, als bei der Berechnung nach der arithmetischen Methode, wo ein Fehleranteil von 58,82 % zu erwarten war. Dieser Faktor wird sich um ein Vielfaches vergrößern, desto mehr Teilsysteme zu einer Baugruppe zusammengefaßt werden. Ursache für diese positive Erscheinung ist der "Zentrale Grenzwertsatz".

Es existieren darüber hinaus in der Mathematik noch verschiedene andere Grenzwertsätze, wie z.B.:
- Gesetz der großen Zahlen;
  • Satz von Tschebyscheff;
  • Satz von Kolmogorow;
- Der Grenzwertsatz von Moivre-Laplace.

Alle Versionen des "Zentralen Grenzwertsatzes" besagen im wesentlichen, daß die Summe einer großen Anzahl unabhängiger Zufallsgrößen unter recht allgemeinen Bedingungen approximativ normalverteilt ist. Der Satz gilt auch, wenn man nur verlangt, daß alle Zufallsvariablen dieselbe, aber beliebige Verteilung besitzen, daß sie unabhängig sind und daß der Mittelwert μ und die Varianz σ^2 existieren. Unter allgemeinen Voraussetzungen läßt sich darüber hinaus beweisen, daß die Verteilungen der einzelnen Zufallsvariablen auch verschieden sein können. Es gilt dann auch:
Ist X die Summe von n unabhängigen Zufallsvariablen X_i mit $\mu = \Sigma \mu_i$ und $\sigma^2 = \Sigma \sigma^2_i$, so strebt die Verteilung der normierten Zufallsvariablen

$$U = \frac{X-\mu}{\sigma}$$

mit wachsendem n gegen die Normalverteilung (Zentraler Grenzwertsatz).

5 Systeme von Zufallsvariablen und deren Berechnung

Dieser Satz erlaubt eine Deutung der Tatsache, daß gerade die für natürliche Vorgänge wie Wachstum, Leistung usw. definierten Zufallsvariablen vielfach eine gute Annäherung an die Normalverteilung zeigen. Bei derartigen Vorgängen wirkt in der Regel eine kaum übersehbare Fülle von biologischen, physikalischen und anderen Faktoren zusammen, die unabhängig voneinander den jeweiligen Wert einer solchen Größe bestimmen. Diese Faktoren idealisieren die unabhängigen Zufallsvariablen dieses Satzes und führen in der überwiegenden Anzahl von Fällen zu einer *Normalverteilung*.

Auch die Bedeutung für die praktischen Anwendungen der Wahrscheinlichkeitsrechnung läßt sich schon an dieser Stelle verdeutlichen:
Wenn es z.B. darum geht, für eine große, in der Idealisierung oft unendlich gedachte Gesamtheit, wie etwa eine Baugruppe aus unendlichen Teilsystemen, eine Maßzahl für die Verteilung eines bestimmten Merkmals abzuschätzen, so wird die fragliche Verteilung meist unbekannt sein.

Man kann und will aber in der Praxis nur eine endliche Auswahl von n Individuen prüfen oder messen, d.h. man entnimmt eine Stichprobe vom Umfang n, bestehend aus n einzelnen Versuchen oder Messungen. Wenn diese Versuche nun unabhängig voneinander vorgenommen werden, kann man die n gefundenen Werte wiederum als einzelne Werte von n unabhängigen Zufallsvariablen auffassen. Sie haben, weil sie alle auf dieselbe Gesamtheit bezogen sind, definitionsgemäß alle dieselbe Verteilung. Auf ihre Summe und damit auch auf die Zufallsvariable $1/n \sum x_i$, also ihren Mittelwert, ist der Zentrale Grenzwertsatz anwendbar.

Das bedeutet:
"Werden aus einer großen Grundgesamtheit Stichproben vom Umfang n entnommen, so sind die Mittelwerte dieser Stichproben für großes n annähernd normalverteilt, und zwar unabhängig davon, welche Verteilung die Grundgesamtheit besitzt."

Überträgt man den Zentralen Grenzwertsatz auf das durchgeführte Beispiel der Längenaddition der beiden Paßmaße nach Bild 5.6, so definieren sich die Häufigkeitsverteilungen der einzelnen Teilsysteme zu n = 2 unabhängigen Zufallsvariablen. Das sich daraus ergebende Resultat der Trapezfunktion wird durch die Faltung der beiden Rechteckfunktionen bestimmt.

Würde man die Baugruppe um n Teilsysteme erweitern, so würden die daran anschließenden Faltungen das Verteilungsresultat einer Normalverteilung beschreiben. Damit konzentrieren sich die Variablen innerhalb des Intervalls (Höchst- und Mindestmaß des Schließmaßes) immer mehr um den Mittelwert μ, welches dann im weiteren auch eine Abnahme der resultierenden Spannweite R zur Folge hat.

5.4 Arithmetische und statistische Berechnung des Schließmaßes einer linearen Maßkette

Im nachfolgenden Bild 5.11 ist die Fertigungszeichnung eines Plattenelementes dargestellt. Es soll anhand dessen die Vorgehensweise der statistischen Tolerierung aufgezeigt werden.

Als Problemstellung für die spätere Montage des mit der angegebenen Genauigkeit herzustellenden Bauteiles soll gelten, daß die Wanddicke aus dem Abstand des rechten Plattenrandes zur Passungsbohrung 14^{H7} entscheidend ist. Dieser im folgenden zu berechnende Abstand soll als Schließmaß M_o (s. Bild 5.12) bezeichnet werden.

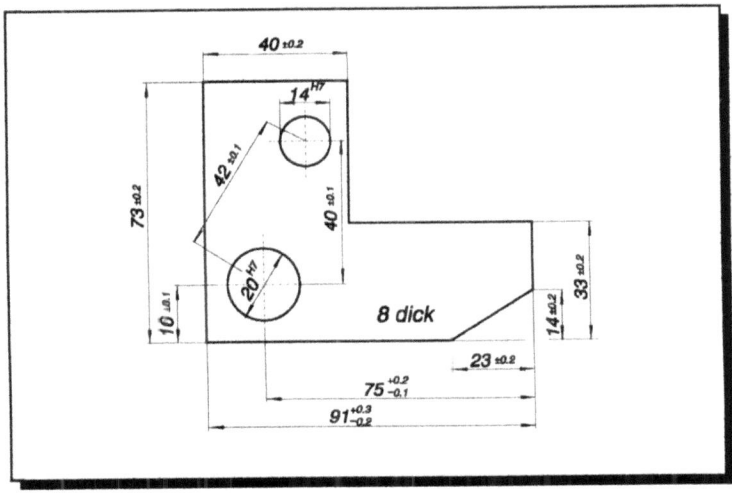

Bild 5.11: Fertigungszeichnung eines Plattenelementes

Zunächst werden die für die Berechnung des Schließmaßes wichtigen Maße, nämlich diejenigen, welche im direkten Zusammenhang mit dem Schließmaß stehend, in einen Maßplan übertragen. Dieser Maßplan muß, wie in Kap. 3.3 beschrieben, akribisch exakt ausgearbeitet werden, da er die Grundlage für die nachfolgende Berechnung bildet.

Wichtig ist hierbei, daß die einzelnen Maße, die in den Maßplan eingehen, mit den richtigen Vorzeichen versehen sind, d.h. nach der Definition von Seite 37 dieses Buches ist festzulegen, ob es sich um positive oder negative Maße handelt.

Der Definition folgend, soll explizit für das direkte Bezugsmaß 40 ± 0,2 mm (toleriertes Maß M_3) die Vorzeichenzuweisung durchgeführt werden. Danach ist dieses Maß M_3, siehe Bild 5.12, ein positives Maß, da sich mit seiner Änderung und bei gleichzeitiger Konstanz aller übrigen Maße das Schließmaß in gleicher Richtung ändert. D.h.: Wird M_3 größer, so wird auch das Schließmaß M_0 größer. Analog gilt, wird M_3 kleiner, wird auch das Schließmaß kleiner.

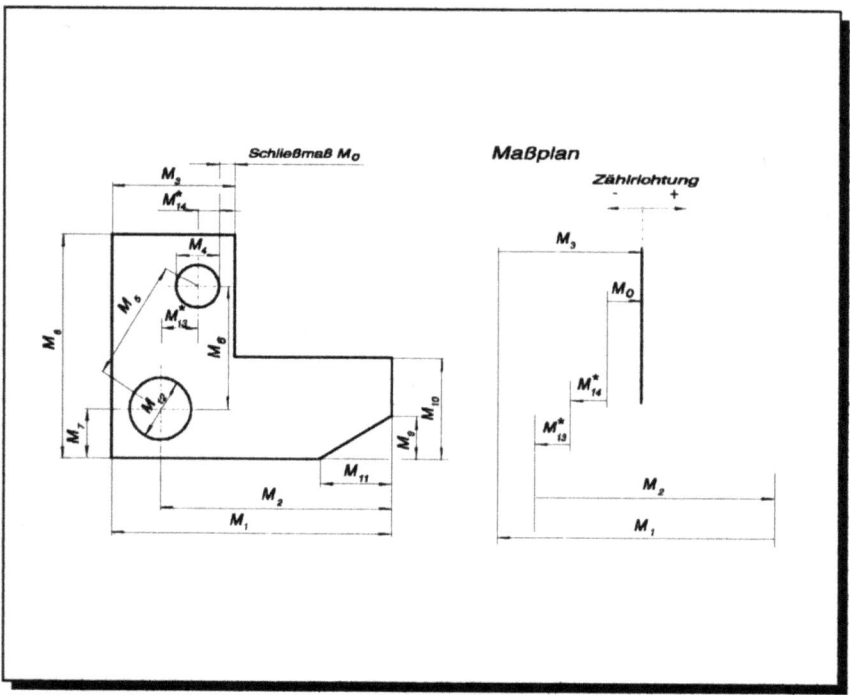

Bild 5.12: Maßplan der linearen Maßkette an dem Plattenelement

5 Systeme von Zufallsvariablen und deren Berechnung

Diese sich aus der vorstehenden Fertigungszeichnung ergebenden direkten Maße im Bezug zum Schließmaß M_o sind die tolerierten Maße M_1, M_2, M_3 und das Maß M^*_{13}, welches sich aus den tolerierten Maßen M_5 und M_6 ergibt, und das Maß M^*_{14} welches aus dem tolerierten Maß M_4 resultiert.

Dabei gliedern sich die Maße folgendermaßen auf:

$M_1 = 91\, ^{+0,3}_{-0,2}$, $\qquad N_1 = 91$, $\qquad G_{o_1} = 91,3$, $\qquad G_{u_1} = 90,8$,

$M_2 = 75\, ^{+0,2}_{-0,1}$, $\qquad N_2 = 75$, $\qquad G_{o_2} = 75,2$, $\qquad G_{u_2} = 74,9$,

$M_3 = 40 \pm 0,2$, $\qquad N_3 = 40$, $\qquad G_{o_3} = 40,2$, $\qquad G_{u_3} = 39,8$,

$M_4 = 14^{H7} = 14\, ^{+0,018}_{0}$, $\qquad N_4 = 14$, $\qquad G_{o_4} = 14,018$, $\qquad G_{u_4} = 14$,

$M_5 = 42 \pm 0,1$, $\qquad N_5 = 42$, $\qquad G_{o_5} = 42,1$, $\qquad G_{u_5} = 41,9$,

$M_6 = 40 \pm 0,1$, $\qquad N_6 = 40$, $\qquad G_{o_6} = 40,1$, $\qquad G_{u_6} = 39,9$.

Danach ergibt sich M^*_{13} über den Satz von Pythagoras aus M_5 und M_6 wie folgt:

$$N^*_{13} = \sqrt{N_5^2 - N_6^2} = \sqrt{42^2 - 40^2} = 12{,}806$$

$$G^*_{o_{13}} = \sqrt{G_{o_5}^2 - G_{o_6}^2} = \sqrt{42{,}1^2 - 40{,}1^2} = 12{,}821$$

$$G^*_{u_{13}} = \sqrt{G_{u_5}^2 - G_{u_6}^2} = \sqrt{41,9^2 - 39,9^2} = 12,790$$

$$M^*_{13} = N^*_{13} \pm \frac{G_{o_{13}}^* - G_{u_{13}}^*}{2} = 12,8 \pm 0,016 \; mm \; .$$

Das Maß M^*_{14} resultiert aus dem Maß M_4 und ergibt sich zu

$$M^*_{14} = \frac{M_4}{2} = 7 \, {}^{+0,009}_{0} \; .$$

Die somit für den Maßplan wichtigen direkten Maße sind im folgenden als
positive Maße: M_2, M_3,
und als
negative Maße: M_1, M^*_{13} und M^*_{14}
definiert.

Das Größt- bzw. Kleinstmaß des Schließmaßes errechnet sich nun nach den Gleichungen (5) und (6).

Danach ergibt sich das Größtmaß des Schließmaßes nach Gl.(5) zu

$$P_o = \sum_{i=1}^{n} G_{o_{pos_i}} - \sum_{j=1}^{m} G_{u_{neg_j}}$$

$$P_o = (G_{o_2} + G_{o_3}) - (G_{u_1} + G^*_{u_{13}} + G^*_{u_{14}})$$

$$P_o = (75,2 + 40,2) - (90,8 + 12,790 + 7,0) = 4,81 \; mm.$$

5 Systeme von Zufallsvariablen und deren Berechnung

Und analog nach Gl.(6) errechnet sich das Kleinstmaß des Schließmaßes zu

$$P_u = \sum_{i=1}^{n} G_{u_{pos_i}} - \sum_{j=1}^{m} G_{o_{neg_j}}$$

$$P_u = (G_{u_2} + G_{u_3}) - (G_{o_1} + G^*_{o_{13}} + G^*_{o_{14}})$$

$$P_u = (74{,}9 + 39{,}8) - (91{,}3 + 12{,}821 + 7{,}009) = 3{,}57 \ mm.$$

Aus diesen ermittelten Werten läßt sich nun nach Gl.(7) die arithmetische Schließmaßtoleranz T_a

$$T_a = P_o - P_u = 4{,}81 - 3{,}57 = 1{,}24 \ mm$$

oder nach Gl.(8)

$$T_a = \sum T_i = T_2 + T_3 + T_1 + T^*_{13} + T^*_{14}$$

$$T_a = 0{,}3 + 0{,}4 + 0{,}5 + 0{,}032 + 0{,}009 = 1{,}241 \ mm$$

berechnen.

Für die Ermittlung des Schließnennmaßes läßt sich des weiteren nach dem Maßplan aus <u>Bild 4.12</u> die folgende Gleichung aufstellen:

$$N_o = N_2 + N_3 - N_1 - N^*_{13} - N^*_{14}$$

$$N_o = 75 + 40 - 91 - 12{,}806 - 7 = 4{,}194 \ mm \ .$$

Dabei bestimmt sich das obere und untere Abmaß des Schließmaßes für die vollständige Charakterisierung wie folgt:

$$es = P_o - N_o = 4{,}81 - 4{,}194 = 0{,}616 \; mm$$

und

$$ei = N_o - P_u = 4{,}194 - 3{,}57 = 0{,}624 \; mm \; .$$

Daraus resultiert nach der Berechnung der arithmetischen Methode das folgende tolerierte Schließmaß:

$$M_o = 4{,}194 \; {}^{+0{,}616}_{-0{,}624} \; mm \; .$$

Für die Berechnung der Schließmaßtoleranz nach der statistischen Methode soll jetzt der direkte Weg über das Abweichungsfortpflanzungsgesetz eingeschlagen werden. Der Ansatz

$$T_q = \sqrt{\sum_{i=1}^{n} T_i^2} \qquad (49)$$

wird in der DIN 7186 als quadratische Tolerierung bezeichnet, weil es sich in diesem Fall nur um normalverteilte Merkmale handelt. Auf das Beispiel angewandt, ergibt sich dann

$$T_q = \sqrt{T_{N_2}^2 + T_{N_3}^2 + T_{N_1}^2 + T^*{}_{N_{13}}^2 + T^*{}_{N_{14}}^2}$$

bzw.

$$T_q = \sqrt{0{,}3^2 + 0{,}4^2 + 0{,}5^2 + 0{,}032^2 + 0{,}009^2} = 0{,}70788 \; mm \; .$$

Diese quadratische Schließtoleranz T_q ist damit nahezu halb so groß wie die arithmetisch berechnete.

Hieraus läßt sich nun der Reduktionsfaktor zu

$$r = \frac{T_q}{T_a} = \frac{0{,}707}{1{,}24} = 0{,}57$$

ableiten, d.h., daß eine Reduzierung der Schließmaßtoleranz um 43 % durchgeführt werden könnte, ohne die Funktionsfähigkeit des Plattenelementes maßgeblich zu beeinträchtigen.

5.4.1 Vernachlässigung kleiner Toleranzen in einer Maßkette

Im folgenden soll noch aufgezeigt werden, daß Toleranzen, die in eine Maßkette eingehen und die in ihrer Größe relativ klein gegenüber den anderen Toleranzen innerhalb dieser Maßkette sind, vernachlässigt werden können.

Dies würde für das in Kap. 5.4 angeführte Beispiel bedeuten, daß die Toleranzen der beiden Maße M^*_{13} und M^*_{14} für die Berechnung der Schließmaßtoleranz nach der statistischen Methode eigentlich unberücksichtigt bleiben könnten. Somit würde sich die quadratische Schließmaßtoleranz T_q' nur aus den Toleranzen der tolerierten Maße M_1, M_2 und M_3 zusammensetzen und wäre wie folgt zu bilden:

$$T_q' = \sqrt{T_{N_1}^2 + T_{N_2}^2 + T_{N_3}^2}$$

$$T_q' = \sqrt{0{,}5^2 + 0{,}3^2 + 0{,}4^2}$$

$$T_q' = \sqrt{0{,}5} = 0{,}7071 \; mm \; .$$

Unter der Berücksichtigung aller Toleranzen wurde hingegen vorstehend ermittelt $T_q = 0{,}70788$ mm.

Die Differenz zu der vereinfachten Rechnung beträgt somit nur $7{,}7 \cdot 10^{-4}$ mm und ist faktisch zu vernachlässigen. Damit ist eine allseitig bekannte Erfahrung noch einmal explizit bestätigt worden.

5.5 Anwendung der statistischen Tolerierung an einer mehrgliedrigen linearen Maßkette

Im nachfolgenden Praxisbeispiel, und zwar einer Zahnrad- und Wälzlagerbefestigung auf einem Wellenzapfen (siehe Bild 5.13), soll die Vorgehensweise bei der statistischen Tolerierung aufgezeigt werden.

Die Montagesituation zeigt einen Wellenabsatz, auf dem ein Zahnrad, eine Distanzhülse und ein Wälzlager axial durch einen Sicherungsring fixiert, komplettiert sind.

Damit ein Aufsetzen des Sicherungsringes in jedem Fall gewährleistet ist, muß $P_u > 0$ sein, d.h., das kleinste sich einstellende Spiel M_0 muß größer als Null sein.

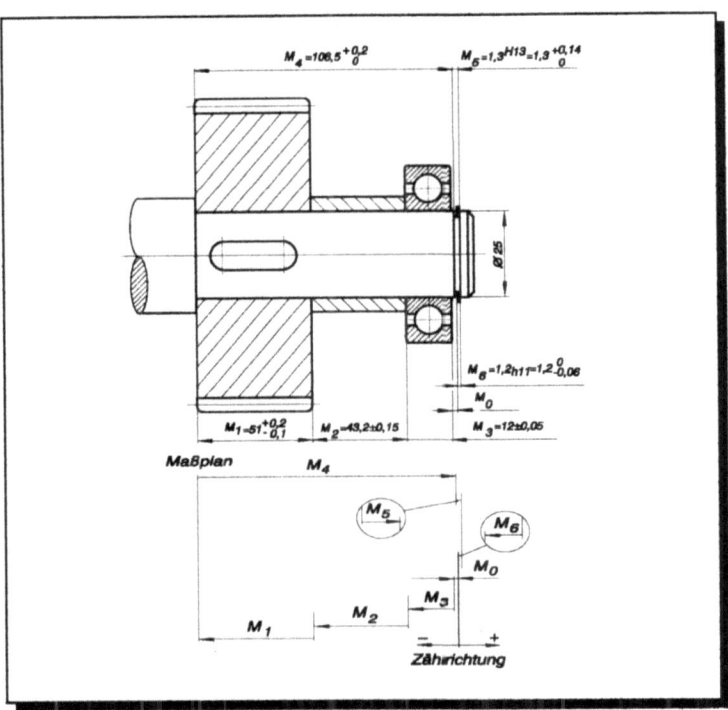

Bild 5.13: Axiale Zahnradsicherung mit dazugehörigen Maßplan

Wie zuvor schon mehrfach erwähnt, liegt dem konventionellen Toleranzmodell (arithmetisches Berechnungsmodell) die Vorstellung der absoluten Austauschbarkeit zugrunde. Ein Konstrukteur wird danach ein Bauteil so tolerieren, daß eine Montage in jedem Fall möglich ist. Hierzu simuliert er bei allen Funktionsmaßen den "worst case", d.h. er kontrolliert die Funktion bei den Extremlagen der Toleranzen.
Dazu werden zunächst aus den in Bild 5.13 eingetragenen direkten Maße nach den Gl.(3) und (4) die oberen und unteren Grenzmaße wie folgt:

$$G_{o1} = 51{,}2 \text{ mm}, \quad G_{u1} = 50{,}9 \text{ mm},$$
$$G_{o2} = 43{,}35 \text{ mm}, \quad G_{u2} = 43{,}05 \text{ mm},$$
$$G_{o3} = 12{,}05 \text{ mm}, \quad G_{u3} = 11{,}95 \text{ mm},$$
$$G_{o4} = 106{,}7 \text{ mm}, \quad G_{u4} = 106{,}5 \text{ mm},$$
$$G_{o5} = 1{,}44 \text{ mm}, \quad G_{u5} = 1{,}3 \text{ mm},$$
$$G_{o6} = 1{,}2 \text{ mm}, \quad G_{u6} = 1{,}14 \text{ mm},$$

gebildet.

Weiterhin lassen sich aus der Zeichnung die Nenn- und Mittenmaße der direkten Maße ablesen. Diese sind im folgenden:

$$N_1 = 51 \text{ mm}, \quad C_1 = 51{,}05 \text{ mm},$$
$$N_2 = 43{,}2 \text{ mm}, \quad C_2 = 43{,}2 \text{ mm},$$
$$N_3 = 12 \text{ mm}, \quad C_3 = 12 \text{ mm},$$
$$N_4 = 106{,}5 \text{ mm}, \quad C_4 = 106{,}6 \text{ mm},$$
$$N_5 = 1{,}3 \text{ mm}, \quad C_5 = 1{,}37 \text{ mm},$$
$$N_6 = 1{,}2 \text{ mm}, \quad C_6 = 1{,}17 \text{ mm}.$$

Unter Berücksichtigung der Vorzeichenkonvention des Maßplans ergibt sich das Nennschließmaß N_o dann zu

5 Systeme von Zufallsvariablen und deren Berechnung

$$N_o = N_4 + N_5 - N_1 - N_2 - N_3 - N_6$$

$$N_o = 106,5 + 1,3 - 51 - 43,2 - 12 - 1,2 = 0,4 \text{ mm}.$$

Das Größtmaß des Schließmaßes errechnet sich aus der Gl.(5) zu

$$P_o = (G_{o4} + G_{o5}) - (G_{u1} + G_{u2} + G_{u3} + G_{u6})$$

$$P_o = (106,7 + 1,44) - (50,9 + 43,05 + 11,95 - 1,14) = 1,1 \text{ mm}.$$

Und bei den genau gegenläufigen Verhältnissen nach Gl.(6) tritt das Kleinstmaß des Schließmaßes auf

$$P_u = (G_{u4} + G_{u5}) - (G_{o1} + G_{o2} + G_{o3} + G_{o6})$$

$$P_u = (106,5 + 1,3) - (51,2 + 43,35 + 12,05 + 1,2) = 0,0 \text{ mm}.$$

Damit ergibt sich die Toleranz des Schließmaßes nach Gl.(7) zu

$$T_a = P_o - P_u = 1,1 - 0 = 1,1 \text{ mm}.$$

Für das arithmetisch tolerierte Schließmaß kann so angesetzt werden

$$M_o = N_{oT_{a2}}^{T_{a1}} = 0,4_{-0,4}^{+0,7} \text{ mm},$$

hierin sind

$$T_{a1} = P_o - N_o$$

$$T_{a2} = P_u - N_o.$$

Oder unter der Maßangabe, daß das Nennschließmaß dem Mittenmaß entspricht, kann auch gesetzt werden

$$M_o = 0{,}55 \pm 0{,}55 \; mm \; .$$

Die bisherige Berechnung der mehrgliedrigen Maßkette nach der arithmetischen Methode bildet die Grundlage für die nachfolgende statistische Tolerierung. Dabei geht die statistische Tolerierung über die Fragestellung einer normalen Tolerierung hinaus und ermöglicht es, alternativ

- bei gegebenen Einzeltoleranzen mit einer weiten Schließmaßtoleranz
  oder
- bei einer gegebenen Schließmaßtoleranz mit möglichst großen Einzeltoleranzen zu arbeiten. Desweiteren ist eine Aussage möglich über
- den Anteil gefertigter Teile außerhalb der Toleranz, wenn die Fertigungsstreuung bekannt ist.

Man kann hieraus ableiten, daß die arithmetische Tolerierung sicherlich bei einer Einzelteilfertigung unumgänglich ist, daß aber für eine Serienfertigung die statistische Tolerierung sehr vorteilhaft sein wird.

Für die Berechnung nach der statistischen Tolerierung ist im folgenden die Kenntnis über die Fertigungsverteilung der zu fertigenden Bauteile sowie deren Lage des Mittelwertes und deren Streuung von maßgebender Bedeutung.

Für das angeführte Beispiel nach Bild 5.13 soll gelten:

- Das bei genügend großer Stückzahl der zu fertigenden Bauteile die Häufigkeitsverteilung einer Normalverteilung entspricht,
- und das die ausfüllende Verteilung im $\mu \pm 3\sigma$ Bereich das jeweilige Toleranzfeld nicht überschreitet.

5 Systeme von Zufallsvariablen und deren Berechnung

Danach ergeben sich für die Standardabweichung (Streuung) der Normalverteilung unter der Annahme, daß der Mittelwert der jeweiligen Verteilung dem Mittenmaß entspricht, und daß die Toleranzen der Einzelmaße im $\mu \pm 3\sigma$ Bereich liegen, die folgende Beziehung:

$$T_i = \pm 3 \cdot \sigma_i = 6 \cdot \sigma_i,$$

$$T_i^2 = 6^2 \cdot \sigma_i^2,$$

$$\sigma_i = \sqrt{\frac{T_i^2}{36}}. \tag{50}$$

Für die Mittelwerte und Standardabweichungen erhält man somit:

$\mu_1 = 51,05$ mm, $\quad \sigma_1 = 0,050$ mm,

$\mu_2 = 43,2$ mm, $\quad \sigma_2 = 0,050$ mm,

$\mu_3 = 12$ mm, $\quad \sigma_3 = 0,017$ mm,

$\mu_4 = 106,6$ mm, $\quad \sigma_4 = 0,033$ mm,

$\mu_5 = 1,37$ mm, $\quad \sigma_5 = 0,024$ mm,

$\mu_6 = 1,17$ mm, $\quad \sigma_6 = 0,010$ mm.

Graphisch ergibt sich am Beispiel des Zahnrades der in Bild 5.14 dargestellte Zusammenhang. Ersichtlich wird aus diesem Beispiel, daß der Mittelwert auch gleichzeitig das Symmetriezentrum der Verteilung ist und daß das Toleranzfeld des Zahnrades im $\mu \pm 3\sigma$ Bereich, welches einer Annahmewahrscheinlichkeit von 99,73 % entspricht, liegt.

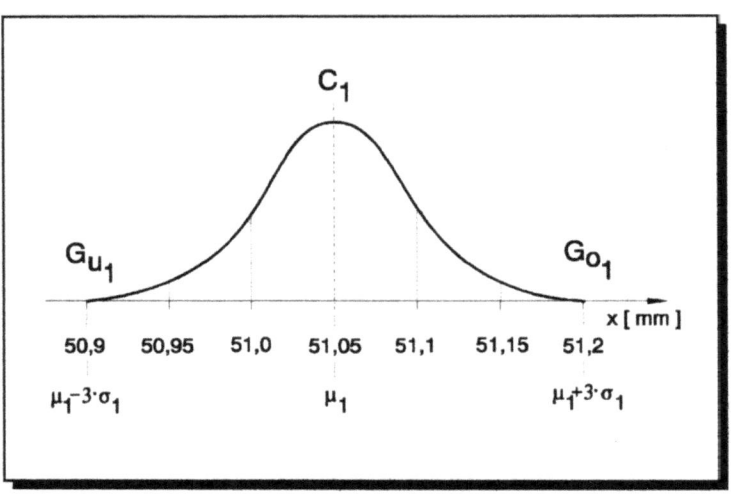

Bild 5.14: Häufigkeitsverteilung der normalverteilten Zahnräder

Für die Berechnung dieses Beispieles nach der statistischen Tolerierung wird zunächst auf das Abweichungsfortpflanzungsgesetz nach Gl.(36) zugegriffen

$$\sigma_{ges}^2 = \sum_{i=1}^{n} \sigma_i^2 \; .$$

Nach dem Abweichungsfortpflanzungsgesetz ergibt sich die Gesamtstandardabweichung aus der Quadratwurzel der Summe aller Einzelvarianzen der zu komplettierenden Baugruppe zu

$$\sigma_{ges} = \sqrt{\sigma_1^2 + \sigma_2^2 + \sigma_3^2 + \sigma_4^2 + \sigma_5^2 + \sigma_6^2}$$

$$\sigma_{ges} = \sqrt{0,05^2 + 0,05^2 + 0,017^2 + 0,033^2 + 0,024^2 + 0,01^2}$$

$$\sigma_{ges} = \sqrt{0,007054} = 0,083988 \; mm \; .$$

5 Systeme von Zufallsvariablen und deren Berechnung

Der Gesamtmittelwert ist, unter Berücksichtigung der positiven und negativen Maße, welche sich aus dem Maßplan ergeben nach Gl.(35)

$$\mu_{ges} = \sum_{i=1}^{n} \mu_i$$

$$\mu_{ges} = \mu_4 + \mu_5 - \mu_1 - \mu_2 - \mu_3 - \mu_6$$

$$\mu_{ges} = 106{,}6 + 1{,}37 - 51{,}05 - 43{,}2 - 12 - 1{,}17 = 0{,}55 \; mm\,.$$

In Ergänzung vorstehender Ausführungen, soll noch parallel eine Toleranzberechnung nach dem quadratischen Prinzip durchgeführt werden. Bekanntlich errechnet sich die quadratische Schließtoleranz T_q aus der Quadratwurzel der Summe aller quadrierten Einzeltoleranzen, unter der Annahme, daß alle Einzelmaße "normalverteilt" vorliegen. Dies ist also die unmittelbare Übertragung des Abweichungsfortpflanzungsgesetzes.

Analoges gilt für die statistische Toleranzrechnung, jedoch geht man dabei von der Annahme aus, daß "bestimmte Verteilungen" in den Einzelmaßen vorliegen. D.h., *die quadratische Toleranzrechnung T_q ist ein Sonderfall von der statistischen Toleranzrechnung T_s.*

Die Größe der statistischen Schließtoleranz entspricht in diesem Falle der quadratischen Schließtoleranz und bestimmt sich aus der Gl.(49) zu

$$T_q = \sqrt{\sum_{i=1}^{n} T_i^2} = \sqrt{T_1^2 + T_2^2 + T_3^2 + T_4^2 + T_5^2 + T_6^2}$$

$$T_q = \sqrt{0{,}3^2 + 0{,}3^2 + 0{,}1^2 + 0{,}2^2 + 0{,}14^2 + 0{,}06^2} = \sqrt{0{,}2532}$$

$$T_q = 0{,}5031 \; mm\,.$$

Alternativ kann die statistische Schließtoleranz auch nach Gl.(50) berechnet werden

$$T_s = 6 \cdot \sigma_{ges} = 6 \cdot 0{,}083988 = 0{,}503 \; mm \; ,$$

d.h., es ergibt sich kein Unterschied.
Daraus resultiert das statistisch berechnete tolerierte Schließmaß zu

$$M_o = \mu_{ges} \pm \frac{T_s}{2}$$

$$M_o = 0{,}55 \pm 0{,}25 \; mm \; .$$

Somit ergibt sich folgendes Größt- bzw. Kleinstmaß des Schließmaßes

$$P_o = 0{,}8 \; mm$$

und

$$P_u = 0{,}3 \; mm.$$

Im Vergleich zur arithmetischen Toleranz beträgt die mögliche Toleranzreduktion

$$r = \frac{T_q}{T_a} = \frac{0{,}503}{1{,}1} = 0{,}4572 \; .$$

Hierin ist r der Reduktionsfaktor, um den die arithmetische Schließtoleranz eingeengt werden kann. Damit gibt das Komplement zu 1 die prozentuale Reduzierung des arithmetisch berechneten Schließmaßes wieder.

5 Systeme von Zufallsvariablen und deren Berechnung

Dies ist noch einmal im Bild 5.15 graphisch verdeutlicht worden.

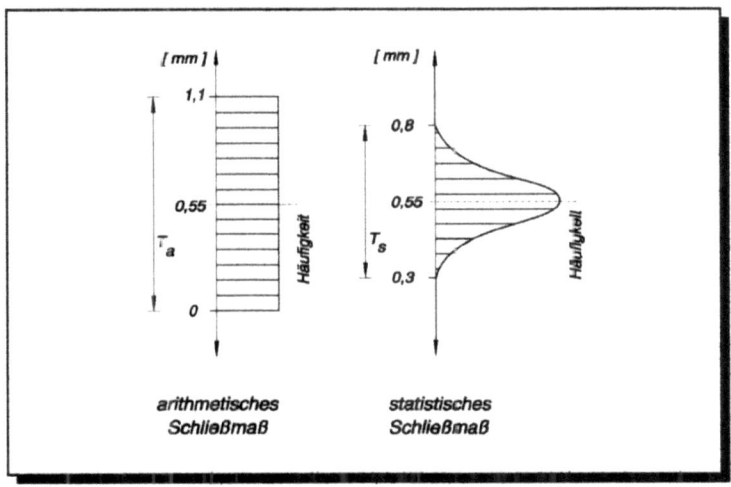

Bild 5.15: Gegenüberstellung der Verteilungen nach der arithmetischen und statistischen Toleranzrechnung

5.5.1 Toleranzerweiterung der Einzeltoleranzen

Die im vorherigen Kap. 5.5 errechnete Schließmaßreduzierung, die es erlaubt die arithmetisch berechnete Gesamttoleranz von 1,1 mm um 54,28 % auf 0,5 mm einzuengen, kann auch im umgekehrten Sinne zu einer Toleranzerweiterung aller Einzeltoleranzen, wenn die Gesamttoleranz beibehalten wird, um den Reziprokwert von r herangezogen werden.
Der Reziprokwert von r wird mit e bezeichnet und heißt Erweiterungsfaktor. Danach ergibt sich der Erweiterungsfaktor zu

$$e = \frac{1}{r} = \frac{1}{0,4572} = 2,1872 \ .$$

Das bedeutet: Behält man die arithmetisch berechnete Schließmaßtoleranz von 1,1 mm bei, so kann man alle Einzeltoleranzen dieser Maßkette um den Faktor 2,18 vergrößern, in diesem Falle also verdoppeln.

Somit würden sich die neu tolerierten Einzelmaße wie folgt ergeben:

$$T_{1_{alt}} = 0,3 \ mm \ , \qquad T_{1_{neu}} = 2,1872 \cdot T_{1_{alt}} = 0,65 \ mm \ ,$$

$$T_{2_{alt}} = 0,3 \ mm \ , \qquad T_{2_{neu}} = 2,1872 \cdot T_{2_{alt}} = 0,65 \ mm \ ,$$

$$T_{4_{alt}} = 0,2 \ mm \ , \qquad T_{4_{neu}} = 2,1872 \cdot T_{4_{alt}} = 0,45 \ mm \ ,$$

$$T_{5_{alt}} = 0,14 \ mm \ , \qquad T_{5_{neu}} = 2,1872 \cdot T_{5_{alt}} = 0,3 \ mm \ .$$

Die Toleranz des Lagers, wie auch die des Sicherungsringes, können nicht erweitert werden, weil es sich hier um Normteile handelt.
Verteilt man diese neu errechneten Einzeltoleranzen nun auf die Größt- bzw. Kleinstmaße der

5 Systeme von Zufallsvariablen und deren Berechnung

Einzelmaße, so ergeben sich die nachfolgend neuen tolerierten Einzelmaße:

$$M_{1_{alt}} = 51^{+0,2}_{-0,1}, \qquad M_{1_{neu}} = 51^{+0,45}_{-0,2},$$

$$M_{2_{alt}} = 43,2 \pm 0,15, \qquad M_{2_{neu}} = 43,2 \pm 0,3,$$

$$M_{4_{alt}} = 106,5^{+0,2}_{0}, \qquad M_{4_{neu}} = 106,5^{-0,45}_{0},$$

$$M_{5_{alt}} = 1,3^{+0,14}_{0}, \qquad M_{5_{neu}} = 1,3^{+0,3}_{0}.$$

Eine statistische Kontrollrechnung soll diese neu festgelegten Maße bestätigen. Danach ergeben sich die neuen Mittelwerte zu

$$\mu_{1_{neu}} = 51,125 \ mm,$$

$$\mu_{2_{neu}} = 43,2 \ mm,$$

$$\mu_{4_{neu}} = 106,725 \ mm,$$

$$\mu_{5_{neu}} = 1,45 \ mm.$$

Aus diesen Einzelmittelwerten läßt sich nun wieder der neue Gesamtmittelwert bestimmen:

$$\mu_{ges_{neu}} = \mu_{4_{neu}} + \mu_{5_{neu}} - \mu_{1_{neu}} - \mu_{2_{neu}} - \mu_3 - \mu_6$$

$$\mu_{ges_{neu}} = 106,725 + 1,45 - 51,125 - 43,2 - 12 - 1,17 = 0,68 \ mm.$$

Die Größe der quadratischen Schließtoleranz ergibt sich ebenso zu:

$$T_{q_{neu}} = \sqrt{T_{1_{neu}}^2 + T_{2_{neu}}^2 + T_3^2 + T_{4_{neu}}^2 + T_{5_{neu}}^2 + T_6^2}$$

$$T_{q_{neu}} = \sqrt{0{,}65^2 + 0{,}6^2 + 0{,}1^2 + 0{,}45^2 + 0{,}3^2 + 0{,}06^2} = \sqrt{1{,}0886}$$

$$T_{q_{neu}} = 1{,}043 \; mm \; .$$

Die Kontrollrechnung beweist, daß die neu errechnete quadratische Schließmaßtoleranz $T_{q\,neu}$, mit den erweiterten Einzeltoleranzen, ungefähr gleich groß ist wie die ursprünglich nach der arithmetischen Toleranzrechnung bestimmte Schließmaßtoleranz T_s mit 1,1 mm.
Für das neu tolerierte Schließmaß kann so angesetzt werden:

$$M_{o_{neu}} = \mu_{ges_{neu}} \pm \frac{T_{q_{neu}}}{2}$$

$$M_{o_{neu}} = 0{,}68 \pm 0{,}5 \; mm \; .$$

Damit ergibt sich ein Mindestmaß $P_u = 0{,}18$ mm, womit in jedem Fall gewährleistet ist, daß eine Montage des Sicherungsringes möglich ist.
Auf der anderen Seite vergrößert sich aber das Höchstmaß um 0,08 mm gegenüber der arithmetischen Tolerierung, was sich aber nicht nachteilig auswirkt.

5.6 Bestimmung des Reduktions- und Erweiterungsfaktors bei gleich großen Einzeltoleranzen

Der Reduktionsfaktor r wurde zuvor schon definiert; er ermöglicht eine prozentuale Aussage über die Verringerung einer Schließmaßtoleranz als Ergebnis der Toleranzberechnung nach der statistischen Methode gegenüber der arithmetischen Methode. Insofern ist der Reduktionsfaktor das Verhältnis der statistischen oder quadratischen Schließtoleranz zur arithmetischen Schließtoleranz.

Wichtiger ist für die Praxis hingegen der Erweiterungsfaktor e = 1/r, der die Größe der möglichen Toleranzerweiterung aller Einzelmaße vorgibt, unter der Maßgabe, daß die arithmetische Schließtoleranz in ihrer Größe erhalten bleibt.

Im folgenden soll für den Sonderfall *gleich großer Einzeltoleranzen* einer linearen Maßkette der Reduktions- und Erweiterungsfaktor bestimmt werden.

Die durchgeführte Herleitung erfolgt unter der Annahme, daß auch nach der Toleranzerweiterung die Toleranzfelder aller Einzelmaße einer linearen Maßkette von den Verteilungen ausgefüllt werden.

Wenn alle Einzeltoleranzen T_i gleich groß sind, dann ist die arithmetisch berechnete Gesamttoleranz nach Gl.(8)

$$T_a = k \cdot T_i.$$

Führt man die Ableitung beispielhaft für die Rechteckverteilung durch, so ergibt sich nach Bild 5.16 auf Seite 123 folgender allgemeiner Zusammenhang zwischen der Spannweite und der Streuung /6/

$$R = 2 \cdot \sqrt{3} \cdot \sigma.$$

Die Spannweite entspricht im weiteren der Toleranz ($R = T_i$), weshalb auch gilt

$$T_i = 2 \cdot \sqrt{3} \cdot \sigma_i$$

oder

$$\sigma_i = \frac{T_i}{2 \cdot \sqrt{3}}.$$

Bei k Gliedern einer Maßkette ist dann bekanntlich unabhängig von der Verteilungsform

$$\sigma_k = \sqrt{k} \cdot \sigma_i$$

woraus auch folgt

$$\sigma_k = \frac{\sqrt{k} \cdot T_i}{2 \cdot \sqrt{3}}.$$

Die statistische Gesamttoleranz

$$T_s = 2 \cdot u_{1-p} \cdot \sigma_k$$

ergibt sich damit zu

$$T_s = \frac{2 \cdot u_{1-p} \cdot \sqrt{k} \cdot T_i}{2 \cdot \sqrt{3}}.$$

Verallgemeinert ist hierin mit u_{1-p} der Fehleranteil in σ-Einheiten eingeführt worden. Somit erhält man den Reduktionsfaktor, um den die arithmetisch berechnete Gesamttoleranz eingeengt werden kann, zu

$$r = \frac{T_s}{T_a} = \frac{u_{1-p} \cdot \sqrt{k} \cdot T_i}{\sqrt{3} \cdot k \cdot T_i}$$

5 Systeme von Zufallsvariablen und deren Berechnung

bzw. in seiner Endform zu

$$r = \frac{u_{1-p}}{\sqrt{3} \cdot \sqrt{k}}.$$

Aus diesem Zusammenhang ergeben sich für die verschiedenen Verteilungen und bei gleich großen Einzeltoleranzen die in Bild 5.16 aufgeführten Reduktionsfaktoren.

	Verteilung	Varianz	Spannweite / Toleranz	Reduktionsfaktor	Statistische Schließ-toleranz für $u_{1-p}=3$
Rechteck-Verteilung		$\sigma^2 = \frac{T^2}{12}$	$T = 2\cdot\sqrt{3}\cdot\sigma$ $= 2\cdot 1{,}7321\cdot\sigma$	$r_{RV} = \frac{u_{1-p}}{\sqrt{3}\cdot\sqrt{k}}$	$T_s = 1{,}7321\sqrt{\Sigma T_{si}^2}$
Trapez-Verteilung ①		$\sigma^2 = \frac{10\cdot T^2}{192}$	$T = 2\cdot\sqrt{\frac{48}{10}}\cdot\sigma$ $= 2\cdot 2{,}1909\cdot\sigma$	$r_{TV_1} = \frac{\sqrt{10}\cdot u_{1-p}}{\sqrt{48}\cdot\sqrt{k}}$	$T_s = 1{,}3694\sqrt{\Sigma T_{si}^2}$
Trapez-Verteilung ②		$\sigma^2 = \frac{5\cdot T^2}{108}$	$T = 2\cdot\sqrt{\frac{27}{5}}\cdot\sigma$ $= 2\cdot 2{,}3238\cdot\sigma$	$r_{TV_2} = \frac{\sqrt{5}\cdot u_{1-p}}{\sqrt{27}\cdot\sqrt{k}}$	$T_s = 1{,}2910\sqrt{\Sigma T_{si}^2}$
Trapez-Verteilung ③		$\sigma^2 = \frac{13\cdot T^2}{300}$	$T = 2\cdot\sqrt{\frac{75}{13}}\cdot\sigma$ $= 2\cdot 2{,}4019\cdot\sigma$	$r_{TV_3} = \frac{\sqrt{13}\cdot u_{1-p}}{\sqrt{75}\cdot\sqrt{k}}$	$T_s = 1{,}2490\sqrt{\Sigma T_{si}^2}$
Dreieck-Verteilung		$\sigma^2 = \frac{T^2}{24}$	$T = 2\cdot\sqrt{6}\cdot\sigma$ $= 2\cdot 2{,}4495\cdot\sigma$	$r_{DV} = \frac{\sqrt{2}\cdot u_{1-p}}{2\cdot\sqrt{3}\cdot\sqrt{k}}$	$T_s = 1{,}2247\sqrt{\Sigma T_{si}^2}$
Normal-Verteilung		$\sigma^2 = \frac{T^2}{36}$	$T = 2\cdot 3\cdot\sigma$ außerhalb der Toleranz liegen 0,27% aller Teile	$r_{NV} = \frac{u_{1-p}}{3\cdot\sqrt{k}}$	$T_s = 1{,}0000\sqrt{\Sigma T_{si}^2}$

Bild 5.16: Zusammenstellung von Parametern und Faktoren für verschiedene Verteilungen nach /6/

Tabelliert ist in Bild 5.17 die mögliche Reduktion bzw. Erweiterung der Schließmaßtoleranz für den Fall gleicher Verteilungen und gleichartiger Toleranzen der Einzelmaße bei verschiedenen Verteilungsformen aufgezeigt.

Anzahl der Einzelmaße k	2		4		6		8		10	
Reduktion- und Erweiterungsfaktor	r	e	r	e	r	e	r	e	r	e
Rechteckverteilung			0,866	1,154	0,707	1,414	0,612	1,633	0,547	1,828
Trapezverteilung 1	0,968	1,033	0,684	1,461	0,559	1,788	0,484	2,066	0,433	2,309
Trapezverteilung 2	0,912	1,096	0,645	1,550	0,527	1,897	0,456	2,192	0,408	2,450
Trapezverteilung 3	0,883	1,132	0,624	1,602	0,509	1,964	0,441	2,267	0,394	2,538
Dreieckverteilung	0,866	1,154	0,612	1,633	0,499	2,004	0,433	2,309	0,387	2,583
Normalverteilung	0,707	1,414	0,500	2,000	0,408	2,450	0,353	2,832	0,316	3,164

Bild 5.17: Reduktion und Erweiterung der Schließmaßtoleranz für den Fall gleicher Verteilungen und Toleranzen der Einzelmaße bei einem Überschreitungsanteil (Fehleranteil) von $p = 0,27\%$, d.h. $u_{1-p} = 3$

Aus der Tabelle läßt sich bei den angegebenen Voraussetzungen der direkte Gewinn der Toleranzerweiterung des Schließmaßes anhand der errechneten Faktoren ablesen.

So wird z.B. bei der Vorlage von Dreieckverteilungen und $k = 6$ Gliedern einer Maßkette eine Reduktion der arithmetischen Schließtoleranz um den Faktor 0,499, also von 50,1 %, erreicht.

Geht man umgekehrt von der Beibehaltung des arithmetisch errechneten Schließmaßes aus, so können alle sechs Einzelmaße um den Faktor 2,004 erweitert werden, wodurch der Vorteil der Toleranzverdoppelung wirtschaftlich genutzt werden kann.

5 Systeme von Zufallsvariablen und deren Berechnung

5.7 Simulation einer Bauteilkomplettierung mit dreieckig- und normalverteilten Fertigungstoleranzen

An dem unten gezeigten Beispiel soll zur Bestätigung des bisher dargelegten Sachverhaltes eine kleine Toleranzanalyse durchgeführt werden. Derjenige, der zudem bis hier noch von Zweifel befallen ist, möge das Beispiel mit Hilfe von Papier, Stift und Schere am Schreibtisch nachvollziehen und so erkennen, welche Möglichkeiten die statistische Tolerierung in sich birgt. Im Anhang wird man dieses Experiment auch etwas vorbereitet vorfinden.
Es soll bei der durchzuführenden Simulation die Montage eines Wälzlagers auf einen Wellenzapfen mit axialer Fixierung durch einen Sicherungsring, simuliert werden.
Die geometrischen Details der Zusammenbausituation sind in Bild 5.18 dargestellt.

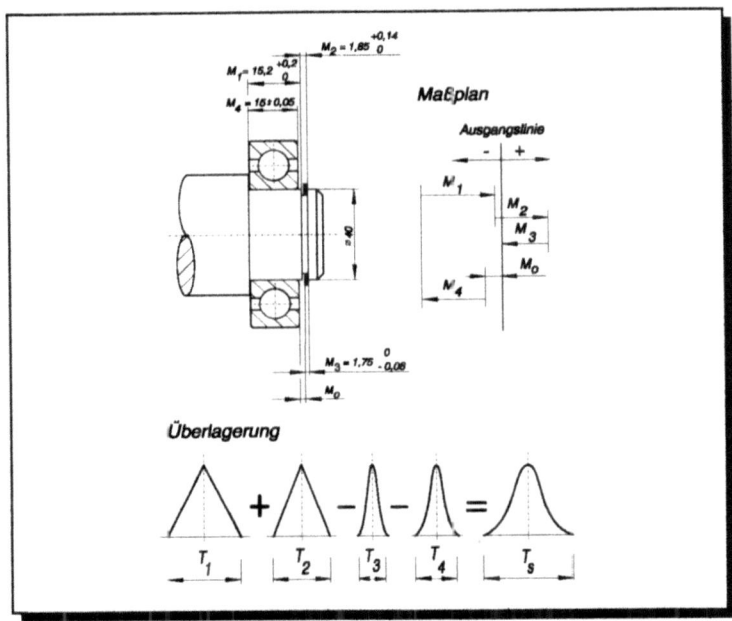

Bild 5.18: Lineare Maßkette, Maßplan und Häufigkeitsverteilungen der Montagesituation

Die zu beantwortende Frage ist, wie groß muß das Schließmaß M_o gewählt werden, damit zwischen dem Wälzlager und dem Sicherungsring ein Mindestspiel größer als Null bleibt? Nach der arithmetischen Methode errechnet sich das Schließmaß M_o, wie bereits in Kap. 3.4, Seite 44, durchgeführt, zu

$$M_o = M_1 + M_2 - M_3 - M_4$$

$$M_o = 0{,}5 \pm 0{,}25 \ mm \ .$$

So würde normalerweise das Schließmaß bestimmt werden, welches aus der Extremwertbetrachtung (*worst case*) herzuleiten ist.

Für die Berechnung des Schließmaßes nach statistischen Gesichtspunkten sind zunächst die Häufigkeitsverteilungen der einzelnen Maße M_1, M_2, M_3 und M_4 festzustellen. Diese werden sowohl für die Wälzlager als auch für die Sicherungsringe normalverteilt sein, weil es sich hierbei um Normteile handelt und diese in sehr großen Stückzahlen gefertigt werden. Die Einzelmaße der Wellenzapfenlänge sowie die Einstichbreite für den Sicherungsring sollen aufgrund von geringeren Stückzahlen dreieckigverteilt sein.

Damit ergeben sich für die statistische Tolerierung einer linearen Maßkette aus k = 4 Gliedern mit unterschiedlich großen Einzeltoleranzen sowie den dreieckig- und normalverteilten Einzelmaßen nach Bild 5.16 von Seite 123 die folgenden Standardabweichungen
Dreieckverteilung

$$\sigma_1 = \frac{T_1}{\sqrt{24}} = \frac{G_{o_1} - G_{u_1}}{\sqrt{24}} = \frac{15{,}4 - 15{,}2}{\sqrt{24}} = 0{,}0408 \ mm \ ,$$

$$\sigma_2 = \frac{T_2}{\sqrt{24}} = \frac{G_{o_2} - G_{u_2}}{\sqrt{24}} = \frac{1{,}99 - 1{,}85}{\sqrt{24}} = 0{,}0285 \ mm \ ,$$

5 Systeme von Zufallsvariablen und deren Berechnung

Normalverteilung

$$\sigma_3 = \frac{T_3}{\sqrt{36}} = \frac{G_{o_3} - G_{u_3}}{\sqrt{36}} = \frac{1{,}75 - 1{,}69}{\sqrt{36}} = 0{,}01 \; mm,$$

$$\sigma_4 = \frac{T_4}{\sqrt{36}} = \frac{G_{o_4} - G_{u_4}}{\sqrt{36}} = \frac{15{,}05 - 14{,}95}{\sqrt{36}} = 0{,}0166 \; mm,$$

der Einzelmaße.

Die Schließmaße der komplettierten Baugruppen weisen dann in der Häufigkeitsverteilung eine Normalverteilung auf wie in Bild 5.18 dargestellt, mit der Spannweite T, und der Standardabweichung

$$\sigma_{ges} = \sqrt{\sigma_1^2 + \sigma_2^2 + \sigma_3^2 + \sigma_4^2}$$

$$\sigma_{ges} = \sqrt{0{,}0408^2 + 0{,}0285^2 + 0{,}01^2 - 0{,}0166^2} = \sqrt{0{,}002854}$$

$$\sigma_{ges} = 0{,}05342 \; mm.$$

Wenn das Schließmaß eine Normalverteilung aufweist, und ein Fehleranteil von p = 0,27 % ($\bar{x} \pm 3\,s$) in den Schließmaßen akzeptiert wird, dann ist die zulässige Toleranz nach Bild 5.16 für die Normalverteilung

$$T_s = 2 \cdot u_{1-p} \cdot \sigma_{ges} = 2 \cdot 3 \cdot 0{,}05342 = 0{,}3205 \; mm. \qquad *)$$

Eine alternative Lösung zur Berechnung der statistischen Schließtoleranz ergibt sich aus der Quadratwurzel der aufsummierten Einzeltoleranzquadrate nach Bild 5.16. Für die *Dreieckverteilung* ist dann anzusetzen

---

*) Anmerkung: u_{1-p} ist der Gutanteil 1-p, in σ-Einheiten.

$$T_{s_{Dreieck}} = 1{,}2247 \; \sqrt{\sum T_{si}^2} = 1{,}2247 \; \sqrt{T_1^2 + T_2^2}$$

$$T_{s_{Dreieck}} = 1{,}2247 \; \sqrt{0{,}2^2 + 0{,}14^2} = 0{,}2989 \; mm$$

und für die *Normalverteilung* ergibt sich folgerichtig

$$T_{s_{Normal}} = 1{,}0000 \; \sqrt{\sum T_{si}^2} = 1{,}0000 \; \sqrt{T_3^2 + T_4^2}$$

$$T_{s_{Normal}} = 1{,}0000 \; \sqrt{0{,}06^2 + 0{,}1^2} = 0{,}1166 \; mm \; .$$

Zu beachten ist dabei, daß zwar das Schließmaß T_s einer Normalverteilung entspricht, sich aber erst durch die Faltung (Überlagerung) der beiden Dreieckverteilungen sowie der beiden Normalverteilungen zu dieser ergibt. Danach errechnet sich die Gesamtschließtoleranz T_s zu

$$T_s = 1{,}0000 \; \sqrt{\sum T_{si}^2} = 1{,}0000 \; \sqrt{T_{s\,Dreieck}^2 + T_{s\,Normal}^2}$$

$$T_s = 1{,}0000 \; \sqrt{0{,}2989^2 + 0{,}1166^2} = 0{,}3209 \; mm \; .$$

Die Toleranzreduktion gegenüber der arithmetischen Methode beträgt dann

$$r = \frac{T_s}{T_a} = \frac{0{,}3209}{0{,}5} = 0{,}6418 \; ,$$

d.h., die Schließmaßtoleranz kann um 35,82 % auf 0,32 mm reduziert werden.

5 Systeme von Zufallsvariablen und deren Berechnung

Damit ergibt sich das tolerierte Schließmaß mit

$$\mu_{ges} = \mu_1 + \mu_2 - \mu_3 - \mu_4 = 0{,}5 \ mm$$

zu

$$M_o = \mu_{ges} \pm \frac{T_s}{2}$$

$$M_o = 0{,}5 \pm 0{,}16 \ mm \ ,$$

gegenüber dem arithmetisch errechneten

$$M_o = 0{,}5 \pm 0{,}25 \ mm \ .$$

Das Ergebnis der statistischen Tolerierung soll nun mittels einer Simulation bestätigt werden. Als Vorgabe sollen 16 Wellenlagerungen nach Bild 5.18 aus dem gesamten Fertigungslos komplettiert werden. Sowohl die 16 Wellenzapfenlängen als auch die Einstichbreiten weisen nach der Fertigung eine Dreieckverteilung ihrer Längenmaße innerhalb ihrer Toleranz auf.

Explizit an dem Beispiel der Einstichbreite M_2 dargestellt, ergibt sich die in Bild 5.19 gezeigte Häufigkeitsverteilung unter Vorlage folgender Merkmalanzahlen:

Istmaß [mm]	Anzahl
1,85	1
1,88	2
1,90	3
1,92	4
1,94	3
1,96	2
1,99	1.

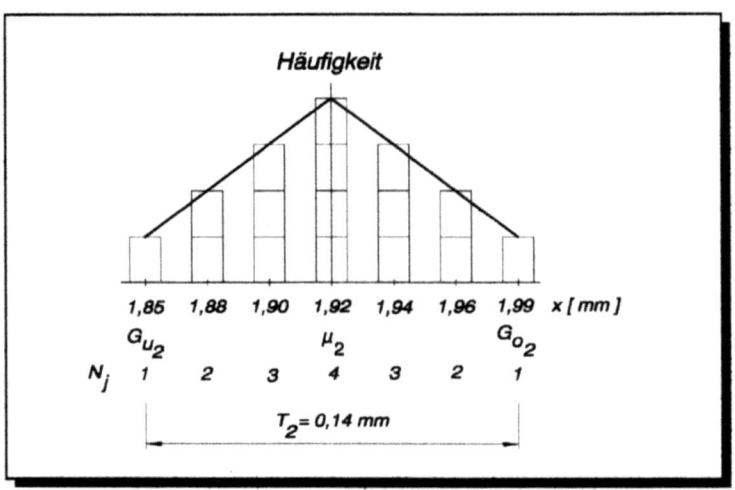

Bild 5.19: Häufigkeitsverteilung der Einstichbreiten

Aus dieser Verteilung der einzelnen Istmaße, innerhalb der Toleranz, resultiert eine Dreieckverteilung mit der Spannweite $T_2 = 0,14$ mm.
Analog ergibt sich für die Wellenzapfenlängen die nachfolgende Istmaßverteilung:

Istmaß [mm]	Anzahl
15,20	1
15,24	2
15,27	3
15,30	4
15,33	3
15,36	2
15,40	1.

Betrachtet man hingegen die Häufigkeitsverteilungen der normalverteilten Bauteile, so ist explizit für das Los vom Umfang $N = 16$ am Beispiel der Sicherungsringe in Bild 5.20, eine um den Mittelwert stärker konzentrierte Häufung zu erkennen.

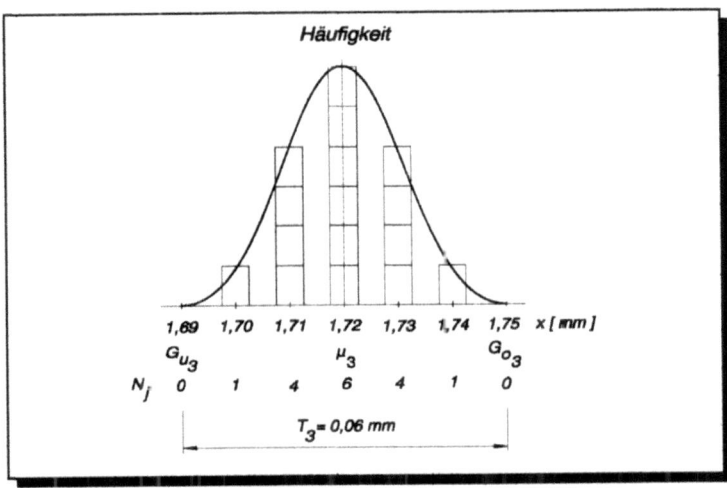

Bild 5.20: Häufigkeitsverteilung der Sicherungsringe

Über die nun festgestellten Häufigkeitsverteilungen ist es möglich, die Mittelwerte und Standardabweichungen der einzelnen Fertigungslose im Statistikmodus des Taschenrechners oder nach den Gl.(10) und (11) zu errechnen

$$\mu_1 = 15,3 \; mm \;, \qquad \sigma_1 = 0,0498 \; mm \;,$$

$$\mu_2 = 1,92 \; mm \;, \qquad \sigma_2 = 0,0340 \; mm \;,$$

$$\mu_3 = 1,72 \; mm \;, \qquad \sigma_3 = 0,0103 \; mm \;,$$

$$\mu_4 = 15,0 \; mm \;, \qquad \sigma_4 = 0,0131 \; mm \;.$$

Anhand dieser Werte läßt sich eine Gesamtstandardabweichung des Schließmaßes zu

$$\sigma_{ges} = \sqrt{\sigma_1^2 + \sigma_2^2 + \sigma_3^2 + \sigma_4^2}$$

$$\sigma_{ges} = \sqrt{0,0498^2 + 0,0340^2 + 0,0103^2 + 0,0131^2} = \sqrt{0,003913}$$

$$\sigma_{ges} = 0,06255 \ mm$$

bestimmen. Danach wird sich eine statistische Schließmaßtoleranz von

$$T_s = 2 \cdot 3 \cdot \sigma_{ges} = 6 \cdot 0,06255 = 0,3753 \ mm$$

einstellen.

Nun sollen diese theoretisch ermittelten Werte über eine Simulation bestätigt werden.
Nach Bild 5.19 werden nun 16 Zettel beschriftet, symbolisch entsprechen diese jeweiligen Zettel einer gefertigten Einstichbreite. Dementsprechend steht auf dem 1. Zettel 1,85 mm, dem 2. und 3. 1,88 mm, dem 4., 5. und 6. 1,90 mm etc., bis zu Zettel 16 mit 1,99 mm. Dies wird analog für die anderen Bauelemente ebenfalls durchgeführt. Die so erhaltenen 4 Gruppen zu je 16 Zetteln werden nun umgekehrt und innerhalb jeder Gruppe unter sich gemischt. Danach werden die Gruppen 1 bis 4 der Reihe nach nebeneinander gelegt.
Nun beginnt sukzessive die Simulation der Baugruppenkomplettierung.
Man entnimmt von Gruppe 1 bis 4 jeweils einen Zettel und notiert dies wie in Bild 5.21 dargestellt.
Anschließend nach der Aufnahme aller Einzelmaße (Simulation der Montage aller Baugruppen) werden die sich aus den 16 Baugruppen ergebenden Schließmaße durch Addition

bzw. Subtraktion nach der Gleichung $M_o = M_1 + M_2 - M_3 - M_4$ bestimmt und ebenfalls notiert.

Baugruppe	1	2	3	4	5	6	7	8
+ M_1	15,27	15,20	15,24	15,27	15,33	15,30	15,27	15,30
+ M_2	1,90	1,90	1,92	1,85	1,88	1,94	1,96	1,94
- M_3	1,72	1,71	1,70	1,72	1,72	1,72	1,73	1,72
- M_4	15,00	14,97	14,99	15,01	15,00	15,01	14,99	15,00
= Schließmaß M_0	0,45	0,42	0,47	0,39	0,49	0,51	0,51	0,52

Baugruppe	9	10	11	12	13	14	15	16
+ M_1	15,36	15,33	15,36	15,30	15,33	15,30	15,24	15,40
+ M_2	1,92	1,92	1,90	1,92	1,96	1,94	1,99	1,88
- M_3	1,73	1,71	1,73	1,71	1,72	1,73	1,74	1,71
- M_4	15,00	14,99	15,01	15,01	15,00	15,00	15,03	14,99
= Schließmaß M_0	0,55	0,55	0,52	0,5	0,57	0,51	0,46	0,58

Bild 5.21: Tabellierte Form der Simulation von Einzel- und Schließmaßen der 16 Baugruppen

Hiernach wird sich ein mittleres Schließmaß von 0,5 mm einstellen, mit der Standardabweichung 0,05228 mm.

Dabei ist das größte sich einstellende Schließmaß in der Baugruppe Nr. 16 mit 0,58 mm und das kleinste in der Nr. 4 mit 0,39 mm zu finden. Diese Zusammenhänge sind noch einmal in Bild 5.22 graphisch aufbereitet.

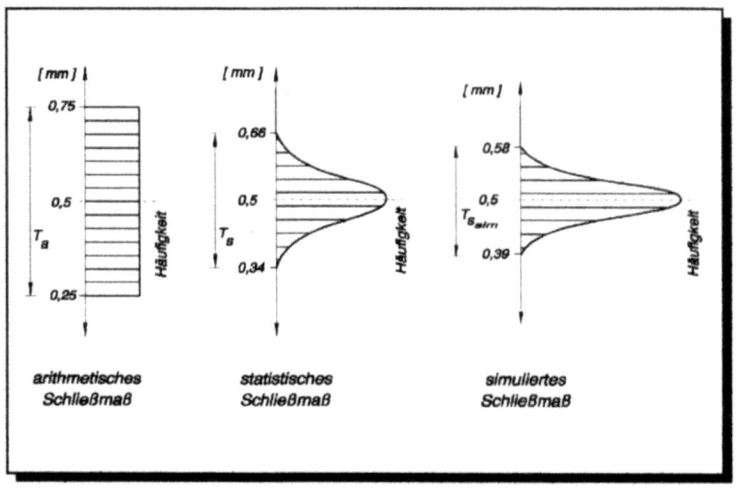

<u>Bild 5.22</u>: Häufigkeitsverteilung der Baugruppen nach der arithmetischen,
der statistischen und der simulierten Methode

Aus der Simulation ergibt sich, daß eine Toleranzreduzierung von 35,82 % nach der statistischen Toleranzrechnung realistisch ist, da keine der 16 Baugruppen die Extrema der arithmetischen Toleranzrechnung erreicht.

Die Alternative oder der Umkehrschluß zu dieser Schließmaßtoleranzerweiterung ist die Toleranzerweiterung jedes der 4 Einzelmaße um den ermittelten Erweiterungsfaktor von 1,55 ▲ (1/0,6418).

Auf jeden Fall ergeben sich nachweislich enorme wirtschaftliche Vorteile bei der Fertigung gegenüber der Vorgabe nach der arithmetischen Methode.

Dieses triviale Beispiel der Simulation einer linearen Maßkette kann jeder mit geringem Aufwand selbst durchführen und damit auch beweisen, daß die ermittelten Ergebnisse authentisch sind und es hier nicht wie bei den Mendelschen Gesetzen ist, die deshalb nicht reproduzierbar waren, weil sie einfach gefälscht wurden.

6 Nichtlinear verbundene Merkmale und deren Berechnung

6.1 Linearisierung von Rechteckfunktionen mit zufälligen Variablen

Die bisher erläuterten Anwendungsbeispiele der statistischen Tolerierung bezogen sich nur auf die Addition bzw. Subtraktion von linear unabhängigen Zufallsvariablen. Jedoch treten im Bereich der Konstruktionstechnik auch nichtlineare Zusammenhänge von einzelnen Variablen auf. Dieses kann z.B. die Länge einer Diagonalen eines Rechteckes oder der diagonale Abstand zweier Gewindebohrungen sein.

Diese Linearisierung unabhängiger Zufallsvariablen trifft natürlich nicht nur für Variablen unabhängiger Längendimensionen zu, sondern die Existenz von Variablen die nichtlinear von anderen Variablen abhängen haben einen sehr großen Anteil in der gesamten Technik. Denkt man beispielsweise an das Ohmsche Gesetz in der Elektrotechnik, so weiß man, daß z.B. der Widerstand nichtlinear vom Strom und der Spannung abhängt. Diese Nichtlinearität von Zusammenhängen ließe sich an einer Vielzahl von Beispielen beliebig fortführen.

Aufgrund dieser nichtlinearen Beziehung läßt sich dann das Additionstheorem nicht anwenden. Es ist jedoch möglich, die resultierende Funktion durch ihre Tangentialebene im Mittelwertpunkt anzunähern. D.h., eine beliebige stetig differenzierbare Funktion, deren Ableitung im gegebenen Punkt beschränkt bleibt, kann für genügend kleine Argumentänderungen durch eine lineare Funktion approximiert werden, indem man sie in eine Taylor-Reihe bis zu Gliedern erster Ordnung entwickelt.

Ist die Wahrscheinlichkeit dafür, daß die Argumente der Funktion Werte annehmen, die außerhalb des Gebietes liegen, in dem die Funktion als linear betrachtet werden kann, sehr klein, dann kann man eine Funktion mit zufälligen Argumenten in der Umgebung des Punktes entwickeln, dessen Koordinaten die mathematischen Erwartungen der Argumente der Funktion sind. Die Erläuterung dieser Darstellung soll am Beispiel einer Funktion mit zwei Variablen vorgenommen werden.

Der Satz von Taylor für Funktionen zweier Variablen besagt:

Wenn eine Funktion f, (r+1)-mal stetig differenzierbar ist, dann gilt:

$$f(x,y) = \sum_{k=0}^{r} \frac{1}{k!} \left[\left\{ (x-x_o) \frac{\partial}{\partial x} + (y-y_o) \frac{\partial}{\partial y} \right\}^k f \right] (x_o, y_o) + R_r(x,y) \qquad (51)$$

$R_r(x,y)$ heißt Lagrangesches Restglied der Taylorentwicklung von f und ist für

$$\lim_{r \to \infty} R_r(x,y) = 0 .$$

Somit kann man die Taylorentwicklung von f benutzen um in einer Umgebung von (x_o, y_o) die Funktion f durch ein Polynom r-ten Grades zu approximieren.

Dieser Satz kann leicht auf Funktionen von mehr als zwei Variablen verallgemeinert werden.

Für r = 0 reduziert sich der Taylorsche Satz auf den Mittelwertsatz der Differentialrechnung für Funktionen mehrerer Variablen. Daraus folgt:

$$f(x,y) = \left[\left\{ (x-x_o) \frac{\partial}{\partial x} + (y-y_o) \frac{\partial}{\partial y} \right\} f \right] (x_o, y_o) ,$$

$$f(x,y) = (x-x_o) \frac{\partial f(x,y)}{\partial x} + (y-y_o) \frac{\partial f(x,y)}{\partial y} . \qquad (52)$$

Wird dies explizit auf ein Beispiel übertragen, so führt es zu folgender Erkenntnis:

6 Nichtlinear verbundene Merkmale und deren Berechnung

Es soll die Schnittlänge Z eines Bleches infolge der tolerierten Seitenlängen bestimmt werden.

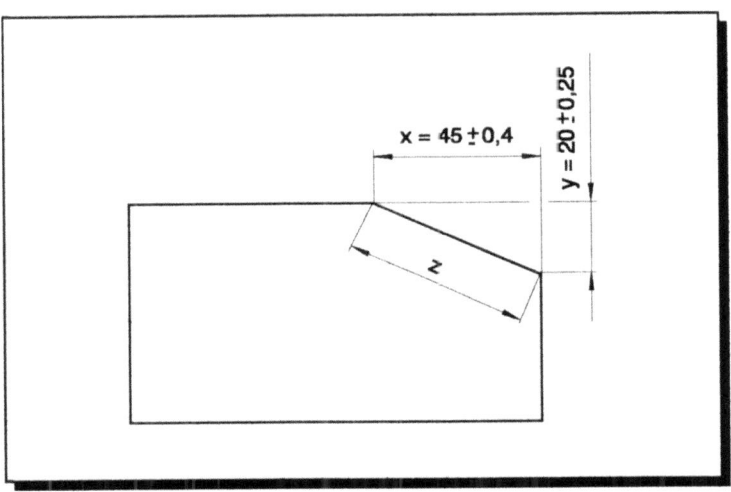

Bild 6.1: Geometrische Darstellung der Schnittlänge Z an einem Blechzuschnitt

Die exakte Lösung für Z ist dann nach dem Satz von Pythagoras

$$Z = \sqrt{X^2+Y^2} \;.$$

Damit ergibt sich Z als eine Funktion von X und Y,

$$z = f(x,y) \;,$$

mit den Unabhängigen

$$\bar{x} = 45 \pm 0{,}4 : \quad x = x_{max} = 45{,}4 \, , \quad x_o = x_{min} = 44{,}6$$

$$\bar{y} = 20 \pm 0{,}25 : \quad y = y_{max} = 20{,}25 \, , \quad y_o = y_{min} = 19{,}75.$$

Graphisch ergibt sich dabei für die Funktion z(x,y) der in <u>Bild 6.2</u> dargestellte Zusammenhang.

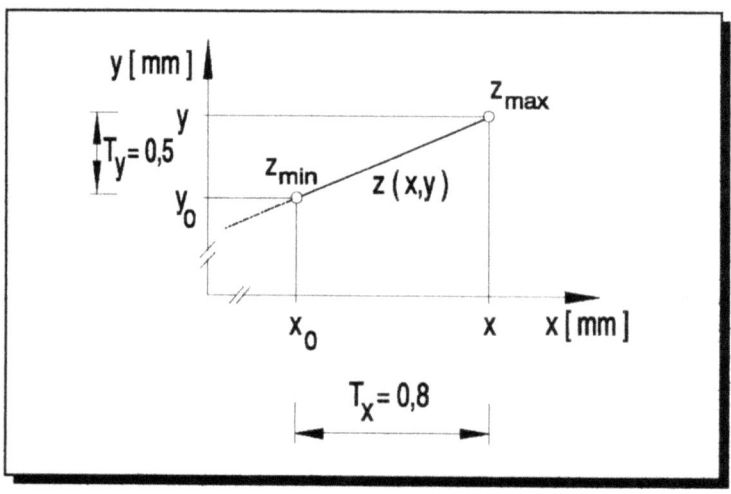

<u>Bild 6.2</u>: Geometrischer Zusammenhang zwischen den beiden Toleranzfeldern von X und Y

Macht man hiermit Grenzbetrachtungen, so führt dies zu

$$z = \sqrt{x^2 + y^2} = \sqrt{45^2 + 20^2} = 49{,}2442 \; mm$$

$$z_{max} = \sqrt{x_{max}^2 + y_{max}^2} = \sqrt{45{,}4^2 + 20{,}25^2} = 49{,}7113 \; mm$$

6 Nichtlinear verbundene Merkmale und deren Berechnung

$$z_{min} = \sqrt{x_{min}^2 + y_{min}^2} = \sqrt{44,6^2 + 19,75^2} = 48,7772 \ mm$$

$$T = z_{max} - z_{min} = 49,7113 - 48,7772 = 0,9341176; \quad \frac{0,9341176}{2} = 0,467 \ ,$$

womit sich das folgende tolerierte Maß ergeben würde

$$z = 49,24 \pm 0,46 \ mm \ .$$

Nutzt man hingegen Gl.(52), so entwickelt sich die Näherungslösung von Z über:

$$z(x,y) = (x-x_o) \frac{\partial z}{\partial x} + (y-y_o) \frac{\partial z}{\partial y} \ ,$$

$$z(x,y) = (x-x_o) \frac{\partial \left(\sqrt{x^2+y^2}\right)}{\partial x} + (y-y_o) \frac{\partial \left(\sqrt{x^2+y^2}\right)}{\partial y} \ ,$$

bzw.

$$z(x,y) = (x-x_o) \frac{\partial \left((x^2+y^2)^{\frac{1}{2}}\right)}{\partial x} + (y-y_o) \frac{\partial \left((x^2+y^2)^{\frac{1}{2}}\right)}{\partial y} \ .$$

Partiell nach X und Y abgeleitet, folgt für Z

$$z(x,y) = (x-x_o) \frac{x}{\sqrt{x^2+y^2}} + (y-y_o) \frac{y}{\sqrt{x^2+y^2}} \ .$$

Mit den zuvor gewählten Daten ergibt sich Z numerisch zu

$$z(x,y) = (45{,}4-44{,}6)\frac{45{,}4}{\sqrt{45{,}4^2+20{,}25^2}} + (20{,}25-19{,}75)\frac{20{,}25}{\sqrt{45{,}4^2+20{,}25^2}}$$

$$z(x,y) = 0{,}934292 \; mm \; .$$

Somit kann als Schließmaß

$$z = 49{,}24 \pm 0{,}46 \; mm$$

angesetzt werden. Diese Näherungslösung stimmt sehr gut mit der exakten Lösung überein.

Die Näherungswerte für die mathematische Erwartung EX und die Varianz D^2X bestimmen sich des weiteren wie folgt:
Für eine Funktion $X = f(X_1, X_2, ..., X_n)$ von mehreren zufälligen Argumenten wird

$$EX = \bar{x} \approx f(\bar{x}_1, \bar{x}_2, ..., \bar{x}_n) \qquad (53)$$

und die Varianz

$$D^2X = \sigma^2 \approx \sum_{i=1}^{n}\left(\frac{\partial f}{\partial \bar{x}_i}\right)^2 D^2X_i \; . \qquad (54)$$

Die Gl.(54) gilt ausschließlich dann, wenn die zufälligen Argumente nicht untereinander korrelieren.

6 Nichtlinear verbundene Merkmale und deren Berechnung 141

Angemerkt sei noch, wenn man in der Entwicklung der Taylor-Funktion über die beiden Glieder hinaus noch einige weitere mitnehmen würde, so erhielte man eine leicht verbesserte Linearisierung, was sich aber erfahrungsgemäß nur unbedeutend auf das Ergebnis auswirken würde.

Die beiden vorstehenden Gleichungen (53) und (54) sollen jetzt exemplarisch auf das Beispiel des Blechzuschnittes angewandt werden. Angenommen sei dabei, daß die beiden Variablen X und Y, wie in Bild 6.3 gezeigt, gleichverteilt vorliegen.

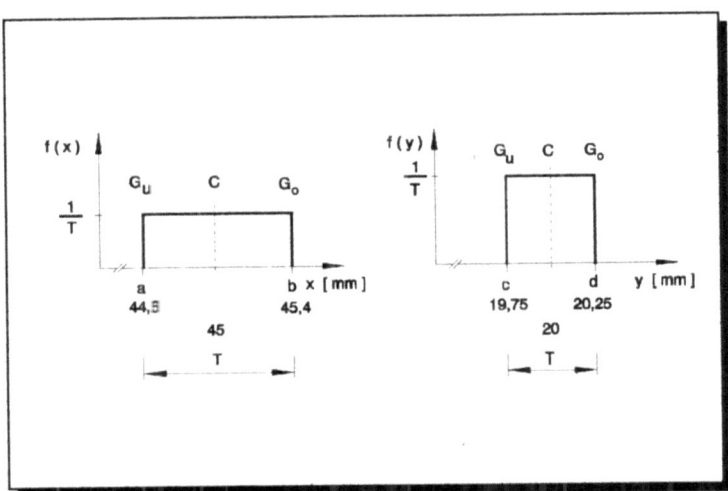

Bild 6.3: Gleichverteilung der beiden Maße X und Y

Für die Schnittlänge

$$Z = \sqrt{X^2+Y^2}$$

ergibt sich dann die mathematische Erwartung aus

$$EZ = \bar{z} \approx f(\bar{x},\bar{y}) \ ,$$

daraus folgt

$$EZ = \bar{z} \approx \sqrt{\bar{x}^2+\bar{y}^2} \ .$$

Die beiden Mittelwerte $\bar{x}$ und $\bar{y}$, ergeben sich unter Verwendung von Gl.(19) zu

$$EX = \mu = \bar{x} = \int_{-\infty}^{\infty} x \cdot p(x) \ dx$$

$$EX = \int_{a}^{b} x \ \frac{1}{b-a} \ dx = \frac{b^2-a^2}{2(b-a)} = \frac{45{,}4^2 - 44{,}6^2}{2(45{,}4 - 44{,}6)} = 45$$

bzw.

$$EY = \int_{c}^{d} y \ \frac{1}{d-c} \ dy = \frac{d^2-c^2}{2(d-c)} = \frac{20{,}25^2 - 19{,}75^2}{2(20{,}25 - 19{,}75)} = 20 \ .$$

Dies ergibt eine mathematische Erwartung von

$$EZ = \bar{z} \approx \sqrt{\bar{x}^2+\bar{y}^2} \approx \sqrt{45^2+20^2} \approx 49{,}244 \ mm \ .$$

Für die Berechnung der Gesamtvarianz nach Gl.(54) werden noch die beiden Einzelvarianzen benötigt.

6 Nichtlinear verbundene Merkmale und deren Berechnung

Nach Gl.(20) ergeben sich diese zu

$$D^2X = \sigma^2 = \int_{-\infty}^{\infty} x^2 \cdot p(x)\, dx - \mu^2$$

$$D^2X = \int_a^b x^2 \frac{1}{b-a}\, dx - \bar{x}^2$$

$$D^2X = \frac{x^3}{3}\frac{1}{b-a}\Big|_a^b - \left(\frac{b^2-a^2}{2(b-a)}\right)^2$$

$$D^2X = \frac{b^3-a^3}{3(b-a)} - \left(\frac{b^2-a^2}{2(b-a)}\right)^2$$

$$D^2X = \frac{45{,}4^3 - 44{,}6^3}{3(45{,}4 - 44{,}6)} - \left(\frac{45{,}4^2 - 44{,}6^2}{2(45{,}4 - 44{,}6)}\right)^2 = 0{,}05333$$

und

$$D^2Y = \int_c^d y^2 \frac{1}{d-c}\, dy - \bar{y}^2$$

$$D^2Y = \frac{d^3-c^3}{3(d-c)} - \left(\frac{d^2-c^2}{2(d-c)}\right)^2$$

$$D^2Y = \frac{20{,}25^3 - 19{,}75^3}{3(20{,}25 - 19{,}75)} - \left(\frac{20{,}25^2 - 19{,}75^2}{2(20{,}25 - 19{,}75)}\right)^2 = 0{,}020833\ .$$

Überträgt man die mathematischen Erwartungen der beiden Variablen in die Gl.(54), so resultiert daraus die Varianz

$$D^2Z \approx \left(\frac{\partial \bar{z}}{\partial \bar{x}}\right)^2 D^2X + \left(\frac{\partial \bar{z}}{\partial \bar{y}}\right)^2 D^2Y$$

$$D^2Z \approx \left(\frac{\partial \left(\sqrt{\bar{x}^2+\bar{y}^2}\right)}{\partial \bar{x}}\right)^2 D^2X + \left(\frac{\partial \left(\sqrt{\bar{x}^2+\bar{y}^2}\right)}{\partial \bar{y}}\right)^2 D^2Y$$

$$D^2Z \approx \left(\frac{\bar{x}}{\sqrt{\bar{x}^2+\bar{y}^2}}\right)^2 D^2X + \left(\frac{\bar{y}}{\sqrt{\bar{x}^2+\bar{y}^2}}\right)^2 D^2Y$$

$$D^2Z \approx \left(\frac{45}{\sqrt{45^2 + 20^2}}\right)^2 0{,}0533 + \left(\frac{20}{\sqrt{45^2 + 20^2}}\right)^2 0{,}020833 \approx 0{,}0479447 \ .$$

Zieht man aus der errechneten Varianz die Quadratwurzel, so erhält man die Standardabweichung der Schnittlänge Z mit

$$\sigma = \sqrt{0{,}0479447} = 0{,}218962784 \ .$$

Damit stellt sich natürlich noch die Frage, welche Wahrscheinlichkeitsdichtefunktion nimmt Z an?
Aus dem Kapitel 5.3 ist bekannt, daß bei einer Überlagerung zweier Rechteckverteilungen mit unterschiedlichen Spannweiten eine Trapezfunktion entsteht. Nach /6/ unterscheidet man jedoch 3 verschiedene Trapezfunktionen, siehe Bild 5.16 auf Seite 123.
Für die Bestimmung der richtigen Funktion ist es weiter notwendig, sich auf Bild 5.5 auf

6 Nichtlinear verbundene Merkmale und deren Berechnung

Seite 89 zu beziehen, um auch das richtige Spannweitenverhältnis zu ermitteln. Somit ergibt sich die im Bild 6.4 dargestellte Dichteverteilung für Z.

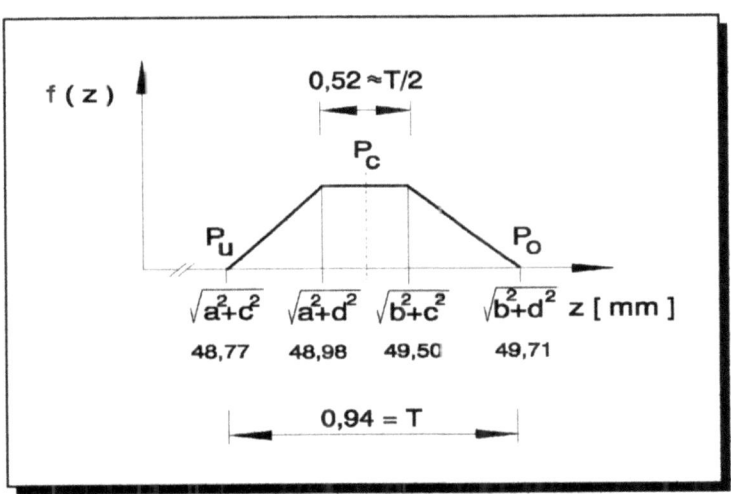

Bild 6.4: Wahrscheinlichkeitsdichte der überlagerten Rechteckverteilungen

Aus dem geometrischen Zusammenhang des Spannweitenverhältnisses des konstanten Anteils der Dichtefunktion f(z) in Bild 6.4, welcher mit 0,52 mm ungefähr die Hälfte der Toleranz ausmacht, ergibt sich die Trapezverteilung TV_1 in Bild 5.16. Da bei dieser Verteilung das Spannweitenverhältnis ebenfalls T/2 beträgt.

Die Spannweite R, d.h. die Toleranzbreite T, ergibt sich mit den ermittelten Daten zu

$$T = 2\sqrt{\frac{48}{10}}\,\sigma = 2\sqrt{\frac{48}{10}}\,\,0{,}2189 = 0{,}959446\,.$$

Dieses hätte eine Toleranz von

$$\pm\ 0{,}47972\ mm$$

und ein Schließmaß von

$$z\ =\ 49{,}24\ \pm\ 0{,}47\ mm$$

zufolge.

Vergleicht man das Ergebnis der Toleranz, welche mit Hilfe der Näherungsfunktion nach Gl.(53) errechnet wurde, so ergibt sich nur eine sehr geringe Differenz von 12 Tausendstel Millimetern gegenüber der exakten Lösung. Eine Verbesserung des Resultates wäre unter der Verwendung der ersten drei Glieder der Reihenentwicklung der Funktion gewährleistet. Danach würden sich die mathematische Erwartung und die Varianz der Funktion angenähert durch folgende Formeln bestimmen:

$$EX = \bar{x} \approx f(\bar{x}_1, \bar{x}_2, ..., \bar{x}_n) + \frac{1}{2} \sum_{i=1}^{n} \frac{\partial^2 f}{\partial \bar{x}_i^2} D^2 X_i \ , \qquad (55)$$

diese Gleichung gilt für die Argumente die untereinander nicht korrelieren. Und die Varianz bestimmt sich aus der Formel

$$D^2 X = \sigma^2 \approx \sum_{i=1}^{n} \left(\frac{\partial f}{\partial \bar{x}_i}\right)^2 D^2 X_i + \frac{1}{4} \sum_{i=1}^{n} \left(\frac{\partial f}{\partial \bar{x}_i}\right)^2 (\mu_4 X_i - (D^2 X_i)^2)$$

$$+ \sum_{i<j} \left(\frac{\partial f}{\partial \bar{x}_i \partial \bar{x}_j}\right)^2 D^2 X_i\, D^2 X_j + \sum_{i=1}^{n} \left(\frac{\partial f}{\partial \bar{x}_i}\right)\left(\frac{\partial^2 f}{\partial \bar{x}_j^2}\right) \mu_3 X_i \ . \qquad (56)$$

6 Nichtlinear verbundene Merkmale und deren Berechnung

Hierbei sind μ_4 und μ_3 die Zentralmomente 4. bzw. 3. Ordnung und errechnen sich aus den sogenannten Momenten α_k nach

$$\alpha_k = \int_{-\infty}^{\infty} x^k \, dF(x) \tag{57}$$

$$\mu_k X = \int_{-\infty}^{\infty} (x-\alpha_k)^k \, dF(x) \,. \tag{58}$$

6.2 Linearisierung normalverteilten Funktionen mit zufälligen Variablen

Der Vorteil der statistischen Tolerierung gewinnt der mit Zunahme von Teilsystemen innerhalb einer Baugruppe sowie der fortschreitenden Arbeitsteilung stetig an wirtschaftlicher Bedeutung.

Diese Aussage ist nicht nur auf die Addition oder Subtraktion von Zufallsvariablen zu übertragen, sondern sie gilt auch für Zufallsvariablen zwischen denen kein linearer Zusammenhang besteht.
Ist eine Zufallsvariable X von mehr als 4 gleichverteilten Variablen *nichtlinear* abhängig, so stellt sich die Wahrscheinlichkeitsdichteverteilung der Zufallsvariablen X letztlich auch als normalverteilt dar.

Anwendungsbeispiele für nichtlineare Zusammenhänge gibt es zu einer Vielzahl in der Technik, denkt man z.B. an die triviale Aufgabe ein schiefwinkliges Dreieck zu bemaßen, so weiß man aus dem Zusammenhang des Cosinussatzes, daß eine Seite des Dreieckes nicht nur von den beiden anderen Seiten, sondern auch noch von einem Winkel abhängig ist. Die sich aus dieser Aufgabe stellende Wahrscheinlichkeitsdichte des Schließmaßes, würde bei 3 verschiedenen gleichverteilten Variablen (2 Seiten, 1 Winkel) schon eine glockenförmige Kurve ergeben.

Die große praktische Bedeutung der resultierenden Überlagerung kann als Resultat auch schon bei weniger als 4 Variablen erreicht werden. Dies ist der Fall, wenn beispielsweise schon 2 Variablen normalverteilt vorliegen. Explizit soll dies an dem Beispiel aus dem vorherigen Kapitel 6.1 gezeigt werden, mit dem einzigen Unterschied, daß die Maße X und Y des Blechzuschnittes nicht gleichverteilt sondern jetzt normalverteilt vorliegen sollen.

Graphisch würden sich die Häufigkeitsverteilungen der beiden Maße dann so darstellen, wie im Bild 6.5 gezeigt.

6 Nichtlinear verbundene Merkmale und deren Berechnung

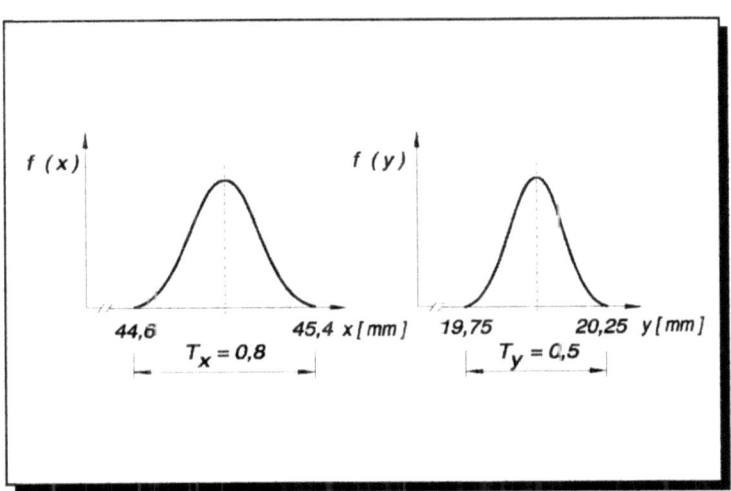

Bild 6.5: Häufigkeitsverteilungen der Maße X und Y

Die Standardabweichung der beiden Maße soll je für die Länge X

$$\sigma_1 = \sqrt{\frac{T_x^2}{36}} = \sqrt{\frac{0{,}8^2}{36}} = 0{,}1333 \; mm$$

und für die Länge Y

$$\sigma_2 = \sqrt{\frac{T_y^2}{36}} = \sqrt{\frac{0{,}5^2}{36}} = 0{,}0833 \; mm$$

betragen.

Zunächst müssen die beiden Mittelwerte $\bar{x}$ und $\bar{y}$ nach Gl.(19) bestimmt werden

$$EX = \mu = \bar{x} = \int_{-\infty}^{\infty} x \cdot p(x)\, dx$$

$$EX = \int_{44,6}^{45,4} x \, \frac{1}{\sqrt{2\pi}\, \sigma_1} \, e^{-\frac{1}{2}\left(\frac{x-\bar{x}}{\sigma_1}\right)^2} dx \, .$$

Nach /4/ gilt für den Erwartungswert einer Normalverteilung mit der Konstanten a

$$EX = \int_{-\infty}^{\infty} x \, \frac{1}{\sqrt{2\pi}\, \sigma} \, e^{-\frac{1}{2}\frac{(x-a)^2}{\sigma^2}} dx = a \, . \tag{59}$$

Das ergibt für den vorliegenden Fall einen Erwartungswert von

$$EX = \bar{x} = 45 \; mm$$

$$EY = \int_{19,75}^{20,25} y \, \frac{1}{\sqrt{2\pi}\, \sigma_2} \, e^{-\frac{1}{2}\left(\frac{y-\bar{y}}{\sigma_2}\right)^2} dy$$

und

$$EY = \bar{y} = 20 \; mm \, .$$

Anmerkung: Der mathematische Hintergrund zu Gl.(59) ist, daß bei der Entnahme eines Teiles aus einem normalverteilten Los das entnommene Teil im Merkmal den Mittelwert μ aufweist.

6 Nichtlinear verbundene Merkmale und deren Berechnung

Daraus ergibt sich $\bar{z}$ ebenfalls zu

$$\bar{z} = \sqrt{\bar{x}^2 + \bar{y}^2} = 49{,}244 \text{ mm} .$$

Die Gl.(20) liefert dann die Varianz

$$D^2 X = \int_{44,6}^{45,4} (x-\bar{x})^2 \frac{1}{\sqrt{2\pi}\,\sigma_1} e^{-\frac{1}{2}\left(\frac{x-\bar{x}}{\sigma_1}\right)^2} dx .$$

Ebenfalls nach /4/ gilt für die Varianz einer Normalverteilung mit der Konstanten a

$$D^2 X = \int_{-\infty}^{\infty} (x-a)^2 \frac{1}{\sqrt{2\pi}\,\sigma} e^{-\frac{1}{2}\frac{(x-a)^2}{\sigma^2}} dx = \sigma^2 . \qquad (60)$$

Das ergibt für den vorliegenden Fall eine Varianz von

$$D^2 X = \sigma_1^2 = 0{,}133^2$$

und

$$D^2 Y = \int_{19,75}^{20,25} (y-\bar{y})^2 \frac{1}{\sqrt{2\pi}\,\sigma_2} e^{-\frac{1}{2}\left(\frac{y-\bar{y}}{\sigma_2}\right)^2} dy$$

$$D^2 Y = \sigma_2^2 = 0{,}0833^2 .$$

Diese bisher erhaltenen Ergebnisse sind auf Gl.(54) zu übertragen und liefern die Varianz des Schließmaßes zu

$$D^2Z = \sigma^2 \approx \left(\frac{\partial \overline{z}}{\partial \overline{x}}\right)^2 D^2X + \left(\frac{\partial \overline{z}}{\partial \overline{y}}\right)^2 D^2Y$$

$$D^2Z \approx \left(\frac{\overline{x}}{\sqrt{\overline{x}^2+\overline{y}^2}}\right)^2 \sigma_1^2 + \left(\frac{\overline{y}}{\sqrt{\overline{x}^2+\overline{y}^2}}\right)^2 \sigma_2^2$$

$$D^2Z \approx 0{,}83505\ \sigma_1^2 + 0{,}16494\ \sigma_2^2 \approx 0{,}01599\ .$$

Es ergibt sich damit eine Standardabweichung von

$$\sigma = \sqrt{0{,}01599} = 0{,}1264\ mm\ .$$

Anhand dieser Daten erhält man mit dem auf Seite 123 dargestellten Bild 5.16 und der darin aufgeführten Gleichung das resultierende Toleranzfeld

$$T = \sqrt{36 \cdot \sigma^2} = \sqrt{36 \cdot 0{,}01599} = 0{,}75872\ mm\ ,$$

oder die Toleranz zu

$$T = \pm\ 0{,}379\ mm\ .$$

6 Nichtlinear verbundene Merkmale und deren Berechnung

Damit liegt die ermittelte Toleranz schon 17 Hundertstel unter der arithmetisch bestimmten Toleranz, $T = z_{max} - z_{min} = 0,934$ mm, auf Seite 139.

Unter der Verwendung der geometrischen Beziehung der Normalverteilung kann man somit das Schließmaß neu definieren.

Das über die Näherungsfunktion neu errechnete Schließmaß z würde dann bei einem Fehleranteil von 0,27 %

$$z = 49,24 \pm 0,379 \; mm$$

lauten.

Gesteht man dem Schließmaß jedoch einen deutlich höheren Fehleranteil zu, z.B. 5 %, so würde sich das Schließmaß über die Transformation

$$u = \frac{x-\mu}{\sigma} = \frac{z-\mu}{\sigma}$$

folgendermaßen berechnen:

Bestimmung des variablen Maßes aus der Gleichungsumstellung

$$z = \mu \pm (u \cdot \sigma).$$

Der Faktor u ergibt sich wieder aus der u-Tabelle im Anhang, für

$$F(u) - Q(u) = 95 \; \% \quad zu \quad u = 1,96.$$

Damit kann beispielsweise das Höchstmaß festgestellt werden

$$z = G_o = 49{,}244 + (1{,}96 \cdot 0{,}1264) = 49{,}491 \; mm \; .$$

Aufgrund der Symmetrie der Verteilung resultiert hieraus dann

$$z = 49{,}24 \pm 0{,}247 \; mm \; .$$

D.h., bei der Zulassung von etwa 5 % an Fehleranteilen bei dem sich ergebenden Blechzuschnittes Z, würde man die Toleranz des Schließmaßes aufgrund von wahrscheinlichkeitstheoretischen Überlegungen um 0,44 mm reduzieren können, das sind 47 %, also fast die Hälfte dessen, was man heute konventionell tolerieren würde.

Wie zuvor auch schon dargestellt, könnte in Konsequenz dieser Überlegung eine Erweiterung der Einzeltoleranzen vorgenommen werden. Dies bietet sich immer an, wenn aus funktionellen oder fertigungstechnischen Gründen die Toleranzeinengung beim Schließmaß nicht benötigt wird. Ein einfacher Weg dazu führt über den Reduktionsfaktor bzw. den reziproken Erweiterungsfaktor. Für das angeführte Beispiel würde sich dies wie folgt darstellen.

Der Reduktionsfaktor

$$r = \frac{T_s}{T_a} = \frac{2 \cdot 0{,}379}{0{,}934} = 0{,}8115$$

gibt mit seinem Reziprokwert den Erweiterungsfaktor für die Einzeltoleranzen mit

$$e = \frac{1}{r} = \frac{1}{0{,}8115} = 1{,}23$$

an.

6 Nichtlinear verbundene Merkmale und deren Berechnung

Damit würde sich die Toleranz des Maßes X auf

$$T_x = 1,23 \cdot 0,8 = 0,98 \; mm$$

und die des Maßes Y auf

$$T_y = 1,23 \cdot 0,5 = 0,61 \; mm$$

vergrößern.

Somit könnten die neuen Fertigungsmaße gesetzt werden auf

$$\bar{x} = 45 \pm 0,5 \; mm$$

und auf

$$\bar{y} = 20 \pm 0,3 \; mm \; .$$

Eine Kontrolle dieser Aussage soll in Analogie des vorherigen Rechenschrittes durchgeführt werden:

$$\sigma_1 = \sqrt{\frac{T_x^2}{36}} = \sqrt{\frac{1,0^2}{36}} = 0,1666 \; mm \; ,$$

$$\sigma_2 = \sqrt{\frac{T_y^2}{36}} = \sqrt{\frac{0,6^2}{36}} = 0,1 \; mm \; ,$$

$$D^2Z = \sigma^2 \approx 0{,}83505 \cdot 0{,}1666^2 + 0{,}16494 \cdot 0{,}1^2 = 0{,}024845 \; ,$$

$$T = \sqrt{36 \cdot \sigma^2} = \sqrt{36 \cdot 0{,}024845} = 0{,}9457 \; mm \; ,$$

$$z = 49{,}24 \pm 0{,}47 \; mm \; .$$

Die Kontrollrechnung beweist also, daß nach der Vergrößerung der Einzeltoleranzen um den Erweiterungsfaktor die Toleranzbreite des Schließmaßes z gleich bleibt.

An diesem trivialen Beispiel der Bemaßung und Tolerierung eines Bauteiles konnte erneut der enorme praktische Vorteil der statistischen Tolerierung für die Herstellung aufgezeigt werden.

Als Resümee kann bisher gezogen werden, daß auch für eine wirtschaftliche Produktion das Kausalgesetz von Ursache und Wirkung seine Gültigkeit behält. Hier weist jedoch die statistische Tolerierung einen Weg, diese Kette zu durchbrechen. Gelingt es, in der Konstruktion den Funktionserfordernissen mit weitesten Toleranzen gerecht zu werden, so setzt sich dies in der Herstellung fort. Weite Toleranzen können nämlich "ungenauer" gefertigt werden, was wiederum einfachere Werkzeuge und Maschinen zuläßt.

Damit leistet die Tolerierung über die Kostenersparnis einen erheblichen Beitrag zur Konkurrenzfähigkeit eines Produktes. Diese Aussage ist aber nicht alleine auf die Problematik der Maßhaltigkeit beschränkt, sondern kann generell auf alle technischen Probleme ausgedehnt werden, bei denen mit Streuungen von Parametern zu rechnen ist. Hierfür gibt es sicherlich eine Fülle von Anwendungen.

Um im weiteren diese Übertragung zu erleichtern, wurden die vorstehenden Beziehungen

6 Nichtlinear verbundene Merkmale und deren Berechnung

bewußt ganz allgemein definiert, so daß es einem interessierten Leser nicht schwer fallen dürfte, beliebige Verteilungsdichten und Funktionen einzubinden. Eine Demonstration zur Übertragbarkeit mag das nachfolgende Beispiel der Bestimmung eines elektrischen Gesamtwiderstandes R_{ges} abgeben, dessen Größe sich aus drei Einzelwiderständen R_1, R_2 und R_3 bestimmt. Für den resultierenden Gesamtwiderstand kann entsprechend angesetzt werden

$$R_{ges} = \frac{R_1 \, R_2 \, R_3}{R_1 \, R_2 + R_1 \, R_3 + R_2 \, R_3} \; .$$

Hierbei könnte der Widerstand R_1 eine gleichverteilte, der Widerstand R_2 trapezförmig und der Widerstand R_3 eine normalverteilte Häufigkeitsverteilung aufweisen. Mit den statistischen Gesetzmäßigkeiten wäre es so möglich, R_{ges} vorherzusagen.

Anzuschneiden bleibt noch die Bestimmung asymmetrischer Toleranzfälle. Die bisher explizit dargestellten Toleranzmodelle beschrieben nur symmetrische Abmaße, bezogen auf das jeweilige Nennmaß, d.h., das Nennmaß ist identisch mit dem Mittenwert.
Die Vorgehensweise bei der asymmetrischen Tolerierung ist jedoch völlig analog, da sich die oberen und unteren Abmaße nicht ändern, sondern nur das Nennmaß wird den asymmetrischen Abmaßen als Mittenwert neu definiert.

Der Grund für diese Änderung des Nennmaßes in einen Mittenwert bzw. Mittelwert, ist die Darstellung der Toleranzangaben in einer symmetrischen Häufigkeitsverteilung, in der die Abmaße die Intervallgrenzen definieren und das Nennmaß mit dem Mittelwert einer Verteilung korrespondiert. Diese Änderung des Nennmaßes in einen Nennmittelwert bedeutet beispielsweise für die Passung 50^{H7} die folgende Umrechnung:

Das obere und untere Abmaß bleibt gleich, das entspricht für 50^{H7}

$$ES = 0,025 \text{ mm} \text{ und}$$
$$EI = 0,0 \text{ mm},$$

also ist das Größt- bzw. Kleinstmaß gleich:

$$G_o = 50{,}025 \ mm$$

$$G_u = 50{,}000 \ mm$$

und das Nennmaß 50,000 mm verhält sich dementsprechend asymmetrisch zu diesen Maßen, siehe hierzu das folgende Bild 6.6.

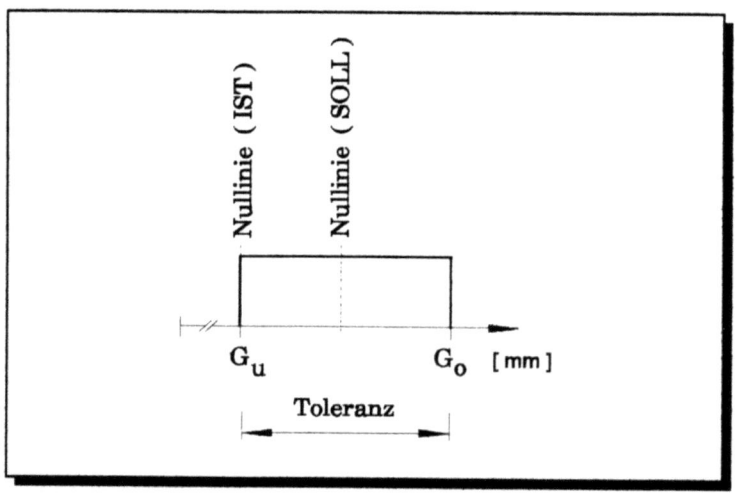

Bild 6.6: Darstellung des Mindest- und Höchstmaßes einer asymmetrischen Toleranzangabe

Numerisch stellt sich die Lösung dieser Umrechnung mit der folgenden Gleichung dar:

$$\frac{G_o + G_u}{2} \pm \frac{G_o - G_u}{2} \ . \tag{61}$$

6 Nichtlinear verbundene Merkmale und deren Berechnung

Hierbei steht der 1. Term für das neu definierte Nennmaß und der 2. Term für die Toleranzangabe.

Somit ist nach Gl.(61) die neue Maßangabe

$$\frac{50{,}025 + 50{,}000}{2} \pm \frac{50{,}025 - 50{,}000}{2}$$

$$50{,}0125 \pm 0{,}0125 \; mm \, .$$

Die Kontrolle zeigt, daß sich Größt- bzw. Kleinstmaß der Passung 50^{H7} nicht geändert haben, sondern daß nun der Mittenwert auch das Symmetriezentrum der Verteilung ist.

6.3 Berechnung der nichtlinearen Verformung eines Kragarmes unter Berücksichtigung statistischer Gesetzmäßigkeiten

Die in Kap. 6.1 und 6.2 gefundenen Gesetzmäßigkeiten für nichtlineare Abhängigkeiten sollen jetzt noch auf das Beispiel der Absenkung (Durchbiegung) eines Kragarmes übertragen werden.

An dem gewählten Beispiel kann somit anschaulich demonstriert werden, daß nicht nur Längendimensionen als Merkmal in eine Maßkettenverbindung eingehen können, sondern auch Volumina oder Kräfte wie in diesem Fall.

Demgemäß soll die Absenkung w an der Stelle l nach der Nomenklatur von Bild 6.7 berechnet werden.

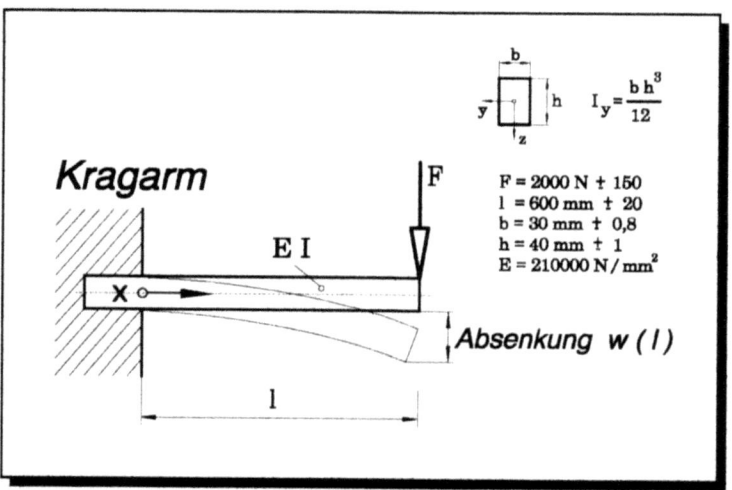

Bild 6.7: Absenkung eines Kragarmes unter einer Einzellast

Die Absenkung $w(x=l)$ ist gleichzeitig die maximale Absenkung und errechnet sich bekanntlich nach der Formel:

$$w(l) = \frac{F\,l^3}{3\,E\,I_y}. \tag{62}$$

6 Nichtlinear verbundene Merkmale und deren Berechnung

Gemäß dieser Formel ist die Absenkung w(l) eine Funktion der Einzelkraft F, der Länge l des Kragarms, dem Elastizitätsmodul E und dem Flächenträgheitsmoment I_y. Hiernach gilt:

$$w(l) = f(F, l, E, b, h) .$$

Für die Berechnung der Absenkung soll der Elastizitätsmodul des Kragarmes als konstant angenommen werden, somit reduziert sich das Problem auf

$$w(l) = f(F, l, b, h) .$$

Die Absenkung des Kragarmes wird sich nicht eindeutig als ein bestimmter sich einstellenden Wert beschreiben lassen, weil sich die einzelnen Faktoren innerhalb ihrer jeweiligen Toleranzfelder bewegen können.

Da aber der Kragarm als Teilsystem in einen weiteren Modul integriert werden soll, ist es für die Anbindung wichtig, über die minimale und maximale Absenkung des Kragarmes, also über dessen Streuung, Kenntnis zu bekommen. Danach stellt sich die Frage, wie groß ist die minimale und die maximale Absenkung w(l)?

Die minimale Absenkung wird sich dann einstellen, wenn

$$w(l)_{min} = f(F_{min}, l_{min}, b_{max}, h_{max})$$

ist.

Und analog gilt für die maximale Absenkung

$$w(l)_{max} = f(F_{max}, l_{max}, b_{min}, h_{min}).$$

Nach Gl.(62) berechnen sich diese Extremwerte dann zu

$$w(l)_{min} = \frac{F_{min} \, l_{min}^3}{3 \, E \, I_{y_{max}}} = \frac{4 \, F_{min} \, l_{min}^3}{E \, b_{max} \, h_{max}^3}$$

$$w(l)_{min} = \frac{4 \cdot 1850N \cdot (580mm)^3}{210000\frac{N}{mm^2} \cdot 30,8mm \cdot (41mm)^3} = 3,23887 \; mm$$

bzw.

$$w(l)_{max} = \frac{F_{max} \cdot l_{max}^3}{3 \, E \, I_{y_{min}}} = \frac{4 \, F_{max} \, l_{max}^3}{E \, b_{min} \, h_{min}^3}$$

$$w(l)_{max} = \frac{4 \cdot 2150N \cdot (620mm)^3}{210000\frac{N}{mm^2} \cdot 29,2mm \cdot (39mm)^3} = 5,63478 \; mm \; .$$

Aus diesen Extrema läßt sich nun der Mittelwert der Absenkung an der Kraftangriffsstelle zu

$$\bar{w}(l) = \frac{w(l)_{min} + w(l)_{max}}{2} = \frac{3,23887 + 5,63478}{2} = 4,43683 \; mm$$

bestimmen.

Aus diesen analytisch ermittelten Werten läßt sich weiter die Absenkung w(l) des Kragarmes toleriert angegeben zu

$$w(l) = 4,43 \pm 1,2 \; mm \; .$$

Der Nomenklatur der vorherigen Kapitel folgend, würde sich für die Aufgabenstellung mit Hilfe statistischer Gesetzmäßigkeiten die folgende Bezeichnungsweise verwenden lassen. So würde die gesuchte tolerierte Absenkung dem Schließmaß M_0 entsprechen. Des weiteren ist zu übertragen:

6 Nichtlinear verbundene Merkmale und deren Berechnung

$$M_1 = F: \quad G_{o_1} = 2150\ N, \quad G_{u_1} = 1850\ N,$$

$$M_2 = l: \quad G_{o_2} = 620\ mm, \quad G_{u_2} = 580\ mm,$$

$$M_3 = b: \quad G_{o_3} = 30{,}8\ mm, \quad G_{u_3} = 29{,}2\ mm,$$

$$M_4 = h: \quad G_{o_4} = 41\ mm, \quad G_{u_4} = 39\ mm.$$

Hiernach ist das Schließmaß M_o ebenfalls eine Funktion von M_1, M_2, M_3 und M_4, jedoch sind diese nicht linear miteinander verknüpft. D.h., das Schließmaß setzt sich aus fünf Einzelmaßen zusammen, wovon eines konstant (Elastizitätsmodul) ist.

In der Schreibweise des Maßplanes würde sich dann das folgende Schließmaß

$$M_o = \frac{4\ M_1\ M_2^3}{E\ M_3\ M_4^3}$$

ergeben.

Für jedes weitere Vorgehen bei der Analyse ist die Kenntnis über die Häufigkeitsverteilungen der einzelnen Faktoren von Bedeutung. Diese sollen für den angesprochenen Fall aufgrund einer hohen Stückzahl alle normalverteilt sein. Danach errechnen sich die Standardabweichungen der einzelnen Merkmale nach Bild 5.16 zu

$$\sigma_{(F)} = \sqrt{\frac{T_{(F)}^2}{36}} = \sqrt{\frac{(G_{o_1} - G_{u_1})^2}{36}} = \sqrt{\frac{(2150 - 1850)^2}{36}} = 50\ mm$$

$$\sigma_{(l)} = \sqrt{\frac{T_{(l)}^2}{36}} = \sqrt{\frac{(G_{o_2} - G_{u_2})^2}{36}} = \sqrt{\frac{(620 - 580)^2}{36}} = 6{,}6666\ mm$$

$$\sigma_{(b)} = \sqrt{\frac{T_{(b)}^2}{36}} = \sqrt{\frac{(G_{o_3} - G_{u_3})^2}{36}} = \sqrt{\frac{(30,8 - 29,2)^2}{36}} = 0,2666 \; mm$$

$$\sigma_{(h)} = \sqrt{\frac{T_{(h)}^2}{36}} = \sqrt{\frac{(G_{o_4} - G_{u_4})^2}{36}} = \sqrt{\frac{(41 - 39)^2}{36}} = 0,3333 \; mm \; .$$

Da die gesuchte Absenkung w(l) eine Funktion von F, l, b und h ist, gilt nach der erweiterten Anwendung von Gl.(54) unter Verwendung von

$$\overline{w}(l) = \frac{4 \, \overline{F} \, \overline{l}^3}{E \, \overline{b} \, \overline{h}^3}$$

für die Varianz der Absenkung:

$$\sigma_{w(l)}^2 = \left(\frac{\partial \overline{w}}{\partial \overline{F}}\right)^2 \sigma_{(F)}^2 + \left(\frac{\partial \overline{w}}{\partial \overline{l}}\right)^2 \sigma_{(l)}^2 + \left(\frac{\partial \overline{w}}{\partial \overline{b}}\right)^2 \sigma_{(b)}^2 + \left(\frac{\partial \overline{w}}{\partial \overline{h}}\right)^2 \sigma_{(h)}^2 \; ,$$

partiell differenziert ergibt sich somit

$$\sigma_{w(l)}^2 = \left(\frac{4 \, \overline{l}^3}{E \, \overline{b} \, \overline{h}^3}\right)^2 \sigma_{(F)}^2 + \left(\frac{12 \, \overline{F} \, \overline{l}^2}{E \, \overline{b} \, \overline{h}^3}\right)^2 \sigma_{(l)}^2$$

$$+ \left(-\frac{4 \, \overline{F} \, \overline{l}^3}{E \, \overline{b}^2 \, \overline{h}^3}\right)^2 \sigma_{(b)}^2 + \left(-\frac{12 \, \overline{F} \, \overline{l}^3}{E \, \overline{b} \, \overline{h}^4}\right)^2 \sigma_{(h)}^2 \; ,$$

hierin bedeuten die Querstriche, daß es sich um die Mittelwerte der einzelnen Merkmale handelt, in diesem Falle entsprechen diese den jeweiligen Nennmaßen.

6 Nichtlinear verbundene Merkmale und deren Berechnung

Danach errechnet sich die Varianz zu

$$\sigma^2_{w(l)} = \left(\frac{4 \cdot 600^3}{210000 \cdot 30 \cdot 40^3}\right)^2 50^2 + \left(\frac{12 \cdot 2000 \cdot 600^2}{210000 \cdot 30 \cdot 40^3}\right)^2 6{,}6666^2$$

$$+ \left(-\frac{4 \cdot 2000 \cdot 600^3}{210000 \cdot 30^2 \cdot 40^3}\right)^2 0{,}2666^2 + \left(-\frac{12 \cdot 2000 \cdot 600^3}{210000 \cdot 30 \cdot 40^4}\right)^2 0{,}3333^2$$

$$\sigma^2_{w(l)} = 0{,}044818592 \ mm^2 \ .$$

Aus der errechneten Varianz läßt sich damit auch die Standardabweichung der Absenkung mit

$$\sigma_{w(l)} = 0{,}211704019 \ mm \ .$$

angeben.

Mit Hilfe der Standardabweichung kann nun das Toleranzfeld der Absenkung w(l) für den Bereich $\pm 3\sigma$ mit

$$T = \pm 3 \cdot \sigma_{w(l)} = 6 \cdot 0{,}2117 = 1{,}270224119 \ mm$$

definiert werden.

Hiernach läßt sich das tolerierte Schließmaß, in diesem Fall die Absenkung, mit

$$M_o = w(l) = 4{,}43 \pm 0{,}63 \ mm$$

angeben.

Das ist gegenüber der arithmetisch ermittelten Absenkung eine Reduzierung um

$$r = \frac{T_q}{T_a} = \frac{1,27}{2,39} = 0,5313 ,$$

also 46,86 %.

Der aus dem reziproken Wert von r zu bestimmende Erweiterungsfaktor e

$$e = \frac{1}{r} = \frac{1}{0,5313} = 1,88$$

ermöglicht bei Konstanz von T_a, eine Toleranzerweiterung der Einzelmaße um jeweils das 1,88-fache, also nahezu eine Verdoppelung der Einzeltoleranzen.

7 Überwachung meßbarer Merkmale durch statistische Prozeßregelung (SPC)

Zuvor wurde sehr tiefgehend die sinnvolle Festsetzung von tolerierten Maßen besprochen. Da hier davon auszugehen ist, daß diese für die Funktion eines Bauteils eine bestimmende Bedeutung haben, ist es natürlich auch wichtig und interessant zu wissen, wie diese Maße in der Fertigung eingehalten werden. Diese Kenntnis sollte dann wieder zurückfließen in die Konstruktion, die hiernach Toleranzfelder festsetzen kann.

In der modernen fertigungsbegleitenden Überwachung wird dazu heute SPC (Statistical Process Control) eingesetzt, um durch frühzeitige Information zu verhindern, daß Streugrenzen überschritten werden und somit außerhalb der Spezifikation gefertigt wird. Das Hauptziel von SPC ist daher, die Qualität von Fertigungsprozessen permanent zu überwachen.

Mittlerweile wird SPC mit steigender Tendenz in der Serienfertigung eingesetzt, um gleichbleibende Verhältnisse in einer Fertigung garantieren zu können. Das Fundament hierzu stellt die EDV-Technik dar, die es erst ermöglicht hat, daß große Datenmengen on-line verarbeitet werden können.

Die möglichen Prinzipien der Prozeßüberwachung sind schematisch im nachfolgenden Bild 7.1 dargestellt. Dabei ist die alte Vorgehensweise der Prozeßsteuerung gegenübergestellt, die nur eine stark verzögerte Rückwirkung auf den Prozeß und die Prüfung nimmt. Diese Technik ist aber bei großen Fertigungslosen nicht mehr zu vertreten, da die Folgekosten einfach zu groß würden. Die Umsetzung von SPC zeigt, welche Integration zwischen dem eigentlichen Prozeß und der Prozeßüberwachung erforderlich ist, damit bei einem Abtriften zu den Toleranzgrenzen sofort reagiert und der Prozeß nachgeregelt werden kann. Unter den Bedingungen einer Serienfertigung ist dies alleine auch nur wirtschaftlich, um im größeren Umfang Ausschuß und Nacharbeit eingrenzen zu können.

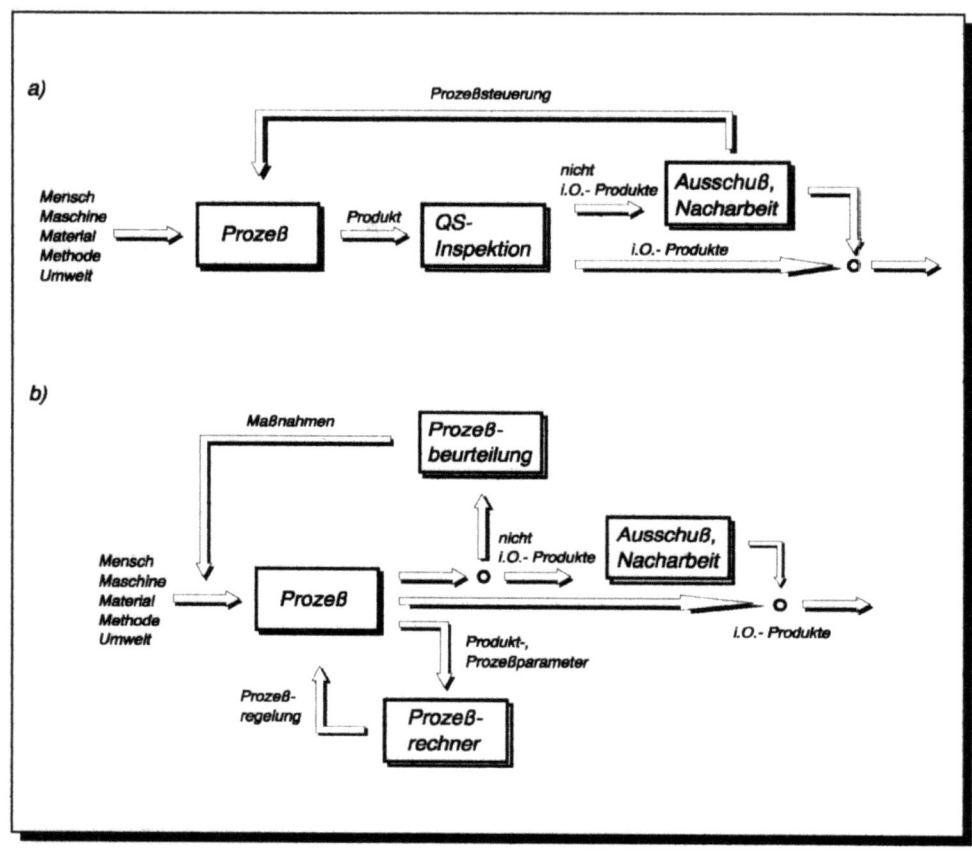

<u>Bild 7.1</u>: Formen der Prozeßüberwachung nach /25/
    a) Prozeßregulierung nach alter Technik,
    b) Prozeßregelung moderner Art nach der SPC-Philosophie

Ein Prozeß ist demnach als ein rückgekoppeltes Regelsystem aufzubauen, um frühzeitig korrigierend eingreifen zu können. Dabei sollen Abweichungen von einer Regelgröße (einer aus dem Prozeß gewonnenen Kennzahl, z.B. der Außendurchmesser einer Welle) und von einer Führungsgröße (Qualitätsanforderung, z.B. Größe des Toleranzfeldes des Wellenaußendurchmessers) ausgeglichen werden.

Bei festgestellten Abweichungen greift dann ein Regler mit Hilfe einer Steuergröße in den Prozeß ein. Dabei können Steuergrößen unterschiedlichen Charakters sein, wie beispielsweise

- Drehzahl,
- Vorschub,
- Temperatur,
- Druck,
- Zeit

usw.

Auszugleichende Abweichungen entstehen gewöhnlich aufgrund von Störgrößen. Störgrößen können einen solch starken Einfluß auf den Prozeß haben, daß die Prozeßkonstanz verloren geht, und darunter dann die Produktqualität leidet. Maßgebliche Störeinflüsse resultieren in der Praxis aus:

- Schwingungen,
- Drehzahlschwankungen,
- Temperaturschwankungen,
- Werkstoffinhomogenitäten

usw.

Ziel einer Rückkopplung ist es somit, einen Prozeß gegen Schwankungen vielfältiger Art robust zu machen.

7.1 Prozeßregelkarten

Als Haupteinflußgrößen auf die momentane Standardabweichung /6/, also die augenblickliche Streuung eines Prozesses, können die sogenannten 5 M:

- Material,
- Maschine,
- Methode,
- Meßvorgang
und
- Mensch

definiert werden, deren Zufälligkeiten man nicht eleminieren kann, weshalb hier eine Überwachung angesagt ist.

Danach kann man bei einer kontinuierlichen Fertigungsüberwachung und Prozeßkontrolle durch eine messende Aufnahme des quantitativen Merkmales, bzw. durch Eintragung der zeitlichen Reihenfolge ihres Auftretens, als Punkte in einer Qualitätsregelkarte (QRK), eine eventuelle Änderung des Prozesses sofort erkennen.

Das Prinzip der QRK ist aus Bild 7.2 ersichtlich. Es ist ein einheitliches Diagramm, in das

- auf der Abzisse die Uhrzeit oder Stichprobennummer
und
- auf der Ordinate das Prozeßmerkmal

aufgetragen wird.

7 Überwachung meßbarer Merkmale durch statistische Prozeßregelung (SPC)

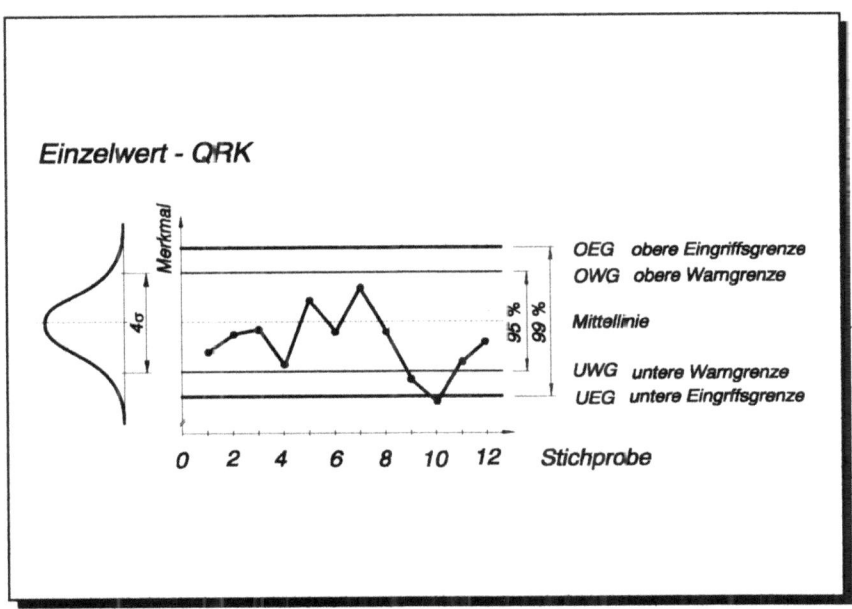

Bild 7.2: Prinzip der QRK (Einzelwertkarte x-Karte) nach Shewhart

In der Regel wird die Prozeßüberwachung jedoch mittels einer Mittelwert-QRK erfolgen. Hierbei handelt es sich in der Verwendung um eine Karte, die herangezogen wird, um Trends zu erkennen. Der Grund hierfür ist, falls sich bei einem Prozeß die Streuung der Einzelwerte verändert, dann ändert sich auch die Streuung der Mittelwerte. Aus diesem Zusammenhang läßt sich dann mit Hilfe der Mittelwertkarte eine höhere Aussagefähigkeit ableiten. Dabei werden die Parameter für die Grundgesamtheit geschätzt, welches durch die Kennzeichnung "^" (Dach) über dem Mittelwert und der Standardabweichung ersichtlich ist. Dies geschieht über einen Stichprobenumfang zwischen 100 und 200 Werten.

Der Schätzwert für den Mittelwert μ der Grundgesamtheit ist dann $\hat{\mu} = \bar{x}$, hierbei wird also der Gesamtmittelwert aus allen Einzelwerten ermittelt. Oder $\hat{\mu} = \bar{\bar{x}}$, also der Gesamtmittelwert aller Einzelstichproben gleichen Umfangs.

Der Schätzwert für die Standardabweichung σ der Grundgesamtheit ist dann $\hat{\sigma} = s$, hierbei wird dementsprechend s aus allen Einzelwerten ermittelt.

Für die $\bar{x}$-Karte errechnen sich die Eingriffs- und Warngrenzen für die Annahmewahrscheinlichkeiten $P_a = 95\ \%$ (u = 1,96) bzw. $P_a = 99\ \%$ (u = 2,576) (beidseitig) wie folgt:

$$OEG = \hat{\mu} + \frac{2{,}576}{\sqrt{n}} \cdot \hat{\sigma}, \qquad (63)$$

$$UEG = \hat{\mu} - \frac{2{,}576}{\sqrt{n}} \cdot \hat{\sigma}, \qquad (64)$$

$$OWG = \hat{\mu} + \frac{1{,}96}{\sqrt{n}} \cdot \hat{\sigma}, \qquad (65)$$

$$UWG = \hat{\mu} - \frac{1{,}96}{\sqrt{n}} \cdot \hat{\sigma}. \qquad (66)$$

Explizit auf das folgende Beispiel übertragen, errechnen sich die Grenzen für die aus den Stichproben ermittelten Parameter:

Ein Drehteil mit dem Maß d = 45 ± 0,3 mm am Bund, weist nach einer Stichprobenprüfung von jeweils n = 5 Drehteilen, einen Gesamtmittelwert von $\bar{x} = \hat{\mu} = 45{,}0$ mm und einer Gesamtstandardabweichung von $s = \hat{\sigma} = 0{,}1$ mm auf.

Danach errechnen sich die Grenzen gemäß den Gl.(63) bis (66) wie folgt:

$$OEG = 45 + \frac{2{,}576}{\sqrt{5}} \cdot 0{,}1 = 45{,}115\ mm,$$

$$UEG = 45 - \frac{2{,}576}{\sqrt{5}} \cdot 0{,}1 = 44{,}885\ mm,$$

7 Überwachung meßbarer Merkmale durch statistische Prozeßregelung (SPC)

$$OWG = 45 + \frac{1,96}{\sqrt{5}} \cdot 0,1 = 45,087 \; mm \; ,$$

$$UWG = 45 - \frac{1,96}{\sqrt{5}} \cdot 0,1 = 44,912 \; mm \; .$$

Graphisch ist dieser Zusammenhang nochmals im nachfolgenden Bild 7.3 in einer Mittelwert-QRK ausgewertet.

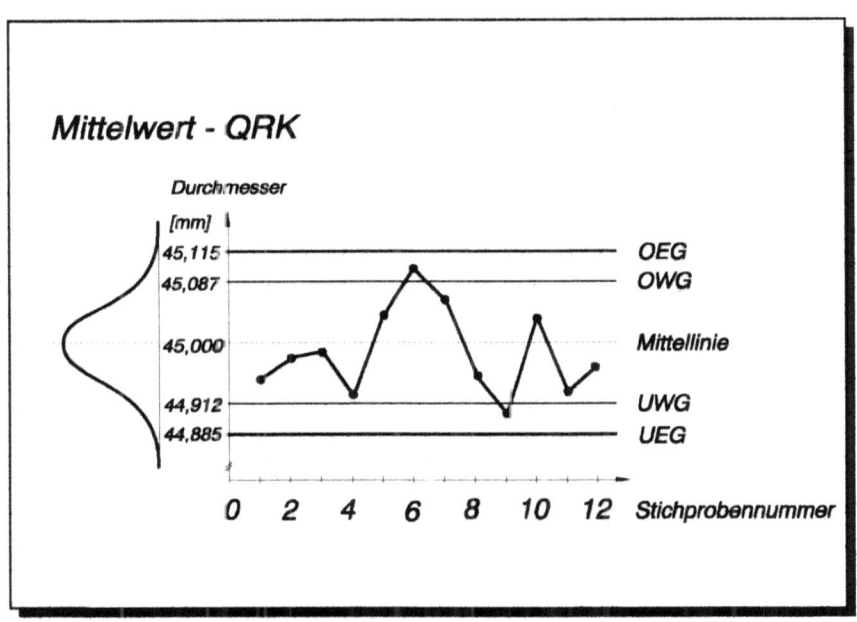

Bild 7.3: Mittelwert-Qualitätsregelkarte

7.2 Ermittlung einer Fertigungsverteilung

Jeder Fertigungsvorgang ist durch eine Fertigungsverteilung charakterisiert. Beeinflussende Merkmale sind:

- die Art des Fertigungsganges (Drehen, Fräsen, Stanzen etc.),
- die hergestellte Losgröße

und

- die Verhältnisse bei der Fertigung (systematische oder zufällige Einflußgrößen).

Wie schon in Kapitel 4.3 herausgestellt worden ist, können sich dann unterschiedliche Gesetzmäßigkeiten ausbilden.

Bei großen Stückzahlen, wie sie in einer Serienfertigung vorkommen, kann man von einer Normalverteilung ausgehen, wenn der Fertigungsgang nur von zufälligen Störeinflüssen beeinflußt ist. Eine Fertigungsverteilung für ein zu prüfendes Qualitätsmerkmal stellt man in der Praxis anhand einer bzw. mehrerer Stichproben von gefertigten Teilen fest. Im Bild 7.4 ist dies exemplarisch am Merkmal eines Absatzdurchmessers bei einer Welle dargestellt.

Die Verteilung erhält man aus zehn Einzelstichproben vom Umfang zu je fünf Werten, die zeitlich nacheinander entnommen worden sind. Eine erste quantitative Auswertung zeigt sofort, daß 48 von 50 Wellen angenommen werden können, d.h. daß diese innerhalb der Toleranz gefertigt wurden bzw. daß zwei Wellen zu groß waren.

Zur Auswertung des Fertigungsmerkmals kann zunächst eine Strichliste erstellt werden. Hierzu müssen mehrere Klassen (z.B. je 2/100 mm) gebildet werden, um die verschiedenen Meßgrößen zuordnen zu können. Als Ergebnis erhält man die Häufigkeit, mit der Meßgrößen in eine Klasse fallen. Diese läßt sich weiterentwickeln zum sogenannten Histogramm. Wird das Histogramm geglättet, so führt dies zur Häufigkeitsverteilung.

7 Überwachung meßbarer Merkmale durch statistische Prozeßregelung (SPC)

Im vorliegenden Fall war das Maß mit ⌀ 22,4 ± 0,08 mm vorgegeben. Der Mittelwert der Stichprobe weist hingegen $\bar{x}$ = 22,41 mm aus, was eine Verschiebung zur oberen Grenze bedeutet. Des weiteren ist ersichtlich, daß viele Werte um den Mittelwert liegen und die untere bzw. obere Grenze nur selten erreicht wird. Dies ist zudem die Begründung für eine *statistische Tolerierung*.

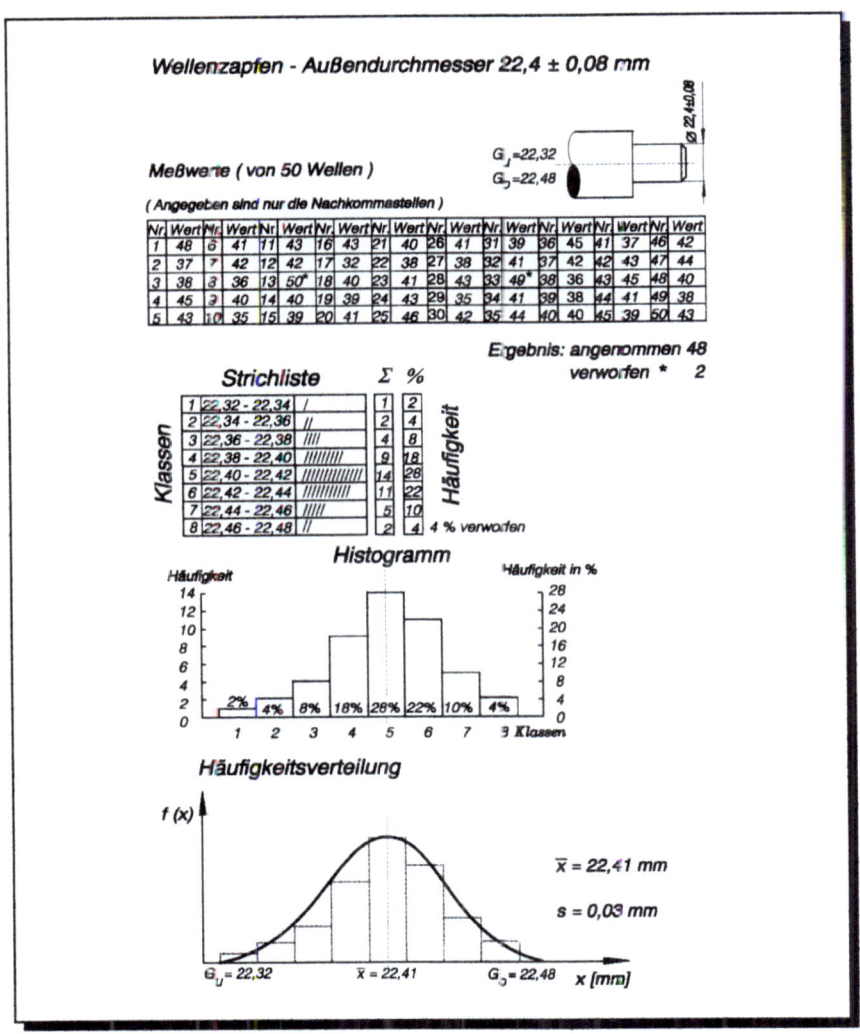

Bild 7.4: Ermittlung einer Fertigungsverteilung (z.B. Drehen)

Diese Art der Feststellung einer Fertigungsverteilung, ist ohne einen größeren Aufwand in jeder Fertigung zu realisieren. Jedoch ist in der heutigen Zeit, aufgrund der fortschreitenden Rechnertechnologie, dieses Verfahren zur Ermittlung einer Fertigungsverteilung nicht mehr "up to date".

Es ist heute vielmehr möglich, ein Merkmal zu messen und gleichzeitig digital zu erfassen, um es anschließend rechnerisch und graphisch auszuwerten. Diese computerunterstützte Erfassung und Auswertung der Merkmalswerte ermöglicht damit der statistischen Prozeßregelung ein breites Feld für Eingriffe. Damit hat der Maschinenbediener nur mehr die Aufgabe, das zu prüfende Bauteil in einer automatischen Lehre zu positionieren, um anschließend am Bildschirm die Qualität seines Produktes ablesen zu können.

Aufgezeigt ist dieses am Beispiel eines schon heute am Markt erhältlichen Systemes in Bild 7.5.

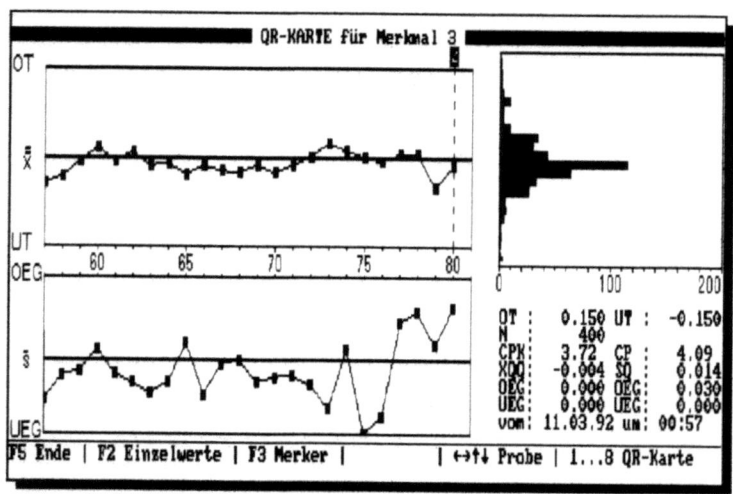

Bild 7.5: Datenausgabe einer SPC-Meßwerterfassung der Fa. Promess

7 Überwachung meßbarer Merkmale durch statistische Prozeßregelung (SPC)

7.3 Prozeßfähigkeit

Die Prozeßfähigkeit sagt aus, ob ein Prozeß mit der Verteilung seiner Grenzwerte innerhalb der vorgegebenen Toleranz des Merkmals (Spezifikationsgrenzen) liegt. Hiernach ist die "process capability", Prozeßfähigkeit C_p, die Streuung des Prozesses. Die Vorgabe für einen zu beherrschenden Prozeß liegt heute noch bei $\bar{x} \pm 3s$, erst bei Einhaltung dieser Streugrenzen gilt ein Prozeß als fähig. Das bedeutet, daß mindestens 99,73 % aller Merkmalswerte der Grundgesamtheit innerhalb der vorgegebenen Toleranz liegen. Jedoch wird seit einiger Zeit seitens der Kunden die Forderung nach $\bar{x} \pm 4s$ laut, dies bedeutet, daß dann 99,994 % aller Merkmalswerte innerhalb der Toleranz liegen müssen.

Errechnet wird die Prozeßfähigkeit für die Forderung $\pm 3s$ wie folgt:

$$C_p = \frac{T}{6 \cdot \hat{\sigma}} \geq 1 \,. \tag{67}$$

Dieses verlangt eine vollkommene Beherrschung des Prozesses.

Ein Prozeß der fähig ist, muß aber nicht gleichzeitig beherrscht werden, oder ein beherrschter muß nicht unbedingt fähig sein. Ziel muß es jedoch sein, einen fähigen Prozeß auch zu beherrschen.

Des weiteren kann für die Beurteilung eines Prozesses die Angabe der Fertigungslage zu der Prozeßfähigkeit C_p einbezogen werden. Diese wird durch den "process capability index", den Prozeßfähigkeitsindex C_{pk}, ausgedrückt, der die Standardabweichung des Prozesses auf die bezogene Toleranz repräsentiert.

Der Prozeßfähigkeitsindex errechnet sich dabei für die Forderung $\pm 3s$ nach

$$C_{pk} = \frac{G_o - \hat{\mu}}{3 \cdot \hat{\sigma}} \geq 1 \,. \tag{68}$$

Ist der Prozeßfähigkeitsindex $C_{pk} < 1$, dann ist der Prozeß nicht fähig. Die streuungsbezogene Prozeßfähigkeit ist dann erreicht, wenn der Prozeßfähigkeitsindex $C_{pk} \geq 1,33$ ist.

Diese Forderung der Prozeßfähigkeit entsprach bislang der gängigen DGQ-Auffassung, jedoch vermehren sich inzwischen aufgrund der neuen Linie des *Total Quality Management* Forderungen nach einem Prozeßfähigkeitsindex von mindestens $C_{pk} = 1,67$, welcher nach der Streuungsminimierung nach Taguchi und seitens Ford of Europe von deren Zulieferanten bereits gegenwärtig schon geltend gemacht wird. Graphisch ergibt sich dabei der in Bild 7.6 dargestellte Zusammenhang.

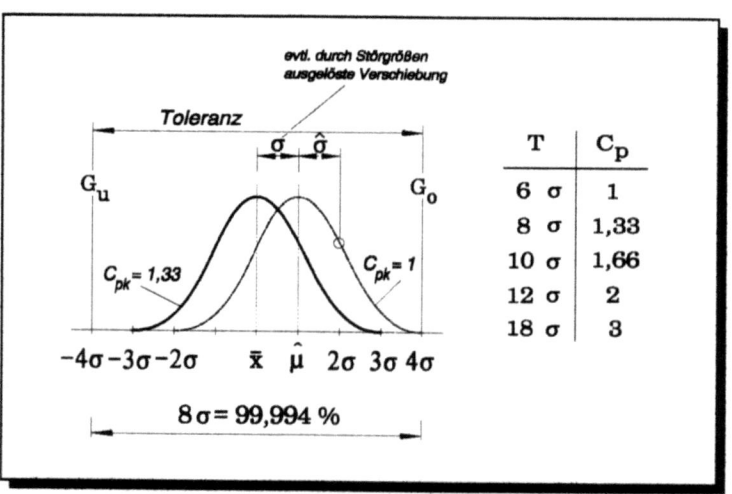

Bild 7.6: Darstellung der Prozeßfähigkeit C_p

Für die Darstellung im Bild errechnet sich der Prozeßfähigkeitsindex der abweichenden Verteilung als "strichpunktierte Linie", eventuell ausgelöst durch eine Fehleinstellung des Maschinenbedieners oder durch den Einfluß von Störgrößen, zu

$$C_{pk} = \frac{G_o - \hat{\mu}}{3 \cdot \hat{\sigma}} = \frac{4\sigma - 1\sigma}{3 \cdot \hat{\sigma}} = \frac{3\sigma}{3\hat{\sigma}} = 1 \; .$$

7 Überwachung meßbarer Merkmale durch statistische Prozeßregelung (SPC)

Wie weiter aus Bild 7.6 zu entnehmen ist, beinhaltet der Prozeßfähigkeitsindex auch eine Aussage über die Lage (Abstand) der Verteilung zum nächstliegenden Grenzwert (G_o bzw. G_u). Ziel muß es jedoch sein, den Prozeß auf Mitte hin zu halten oder zu korrigieren.

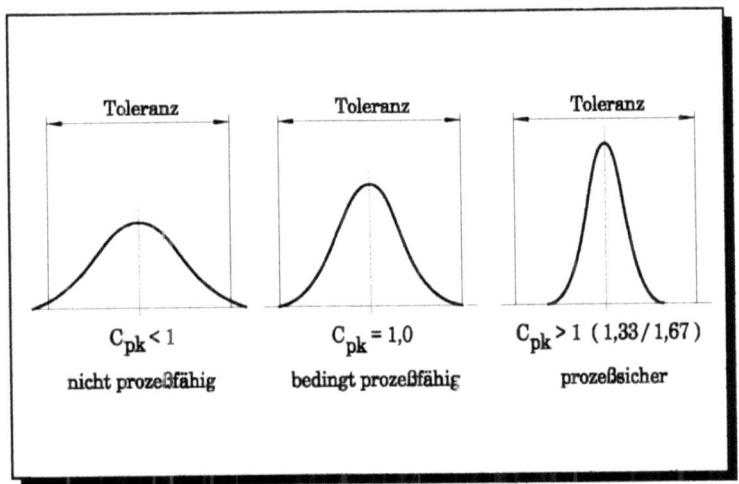

Bild 7.7: Beurteilung eines Prozesses nach dem Prozeßfähigkeitsindex C_{pk}

Der aus dem Bild 7.7 zu entnehmende Zusammenhang zwischen dem Prozeßfähigkeitsindex und der Lage des Mittelwertes der Verteilung zeigt, daß der bedingt prozeßfähige Prozeß keiner Verschiebung der Mittellage der Verteilung ausgesetzt werden kann, weil sonst die Verteilung an einer Seite toleranzüberschreitend wirken würde.

Hingegen läßt ein Prozeßfähigkeitsindex > 1 eine geringfügige Verschiebung des Mittelwertes der Verteilung zu, ohne dabei die Toleranz zu überschreiten.

Vermerkt sei hier noch, daß neben dem Begriff der *Prozeßfähigkeit* noch der der *Maschinenfähigkeit* existiert. Diese beiden Begriffe werden oftmals durcheinandergebracht, wahrscheinlich, weil sie annähernd dasselbe beinhalten. Dabei erfaßt die Maschinenfähigkeit nur den Einfluß der ständig wirkenden zufälligen maschinen- und prozeßtypischen Schwankungen. Aussagen hingegen über den Einfluß der Zeit sind nicht möglich.

8 Integration einer statistischen Toleranzangabe in die Fertigungszeichnung

Für Bauteile, deren direkte Funktionsmaße in eine Maßkette eingehen, also solche, die statistisch toleriert werden können, kann laut DIN 7186, Teil 1, ein zusätzlicher Vermerk in der Zeichnungsangabe angebracht werden.

Hierbei hängt die optionale Angabe des direkten Einzelmaßes von der Art der Istmaßverteilung ab. Dementsprechend ist wichtig, eine genaue Kenntnis über die Fertigungsverteilungen zu haben.

An dem Beispiel eines Wellenabsatzes nach Bild 8.1 soll dieses erläutert werden.

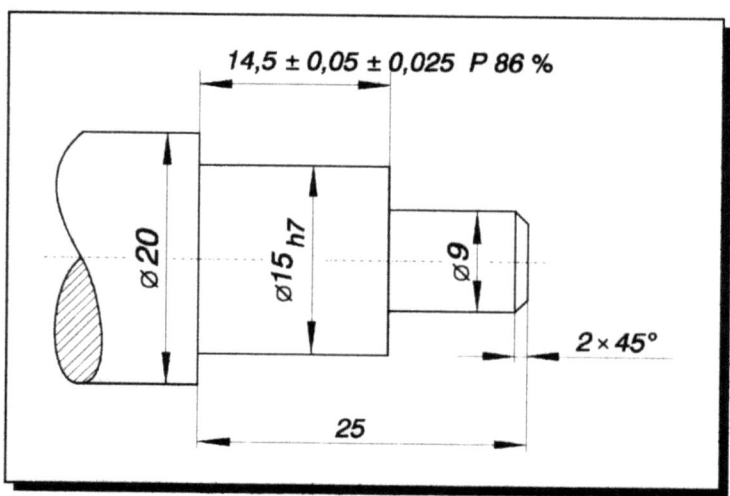

Bild 8.1: Beispiel für die Zeichnungsangabe eines statistisch tolerierten Einzelmaßes

8 Integration einer statistischen Toleranzangabe in die Fertigungszeichnung

Nach diesem Beispiel fließt das *direkte Maß 14,5 ± 0,05 mm* des Wellensegments im folgenden als Einzelmaß in eine Maßkette (bzw. Maßplan) ein und ist somit als statistisch toleriertes Einzelmaß in der dargestellten Fertigungszeichnung nach Bild 8.1 mit der *Option ± 0,025 P 86 %* vermerkt.

Die so vorgenommene Bemaßung des Wellensegments bedeutet im einzelnen:

    14,5 mm   Nennmaß,
    14,55 mm   Höchstmaß,
    und
    14,45 mm   Mindestmaß.

Diese trivalen Angaben über die Toleranzen sind dann durch den Bereich ergänzt, in welchem die zulässigen Einzelistmaße mindestens prozentual liegen müssen.
Für die Angabe im Bild 8.1 bedeutet dies, 86 % der zu fertigenden Einzelistmaße müssen zwischen 14,475 mm und 14,525 mm liegen.

Um den numerischen Nachweis hierfür zu führen, soll dieses unter der Vorgabe *normalverteilter Einzelistmaße* erfolgen.

Danach errechnet sich die Standardabweichung normalverteilter Merkmale für diesen Fall zu

$$\sigma = \sqrt{\frac{T^2}{36}} = \sqrt{\frac{0,1^2}{36}} = 0,0166 \; mm \; .$$

Die Angabe *P 86 %* entspricht bei beidseitiger Abgrenzung, dem *F(u)-Q(u)-Anteil* in der u-Tabelle, im Anhang.

Danach läßt sich für F(u)-Q(u) = 0,86 ein Wert von 1,5 für die standardisierte Variable u ablesen.

Somit errechnet sich das Toleranzfeld, in dem 86 % der zu fertigenden Einzelmaße liegen sollen, zu

$$x = \mu \pm u \cdot \sigma$$
$$x = 14{,}5 \text{ mm} \pm 1{,}5 \cdot 0{,}0166 \text{ mm}$$
$$x = 14{,}5 \text{ mm} \pm 0{,}025 \text{ mm}$$

$$14{,}475 \text{ mm} \leq x \leq 14{,}525 \text{ mm},$$

was also mit der Angabe konform ist.

Graphisch ist dieser Zusammenhang nochmals in Bild 8.2 aufgearbeitet.

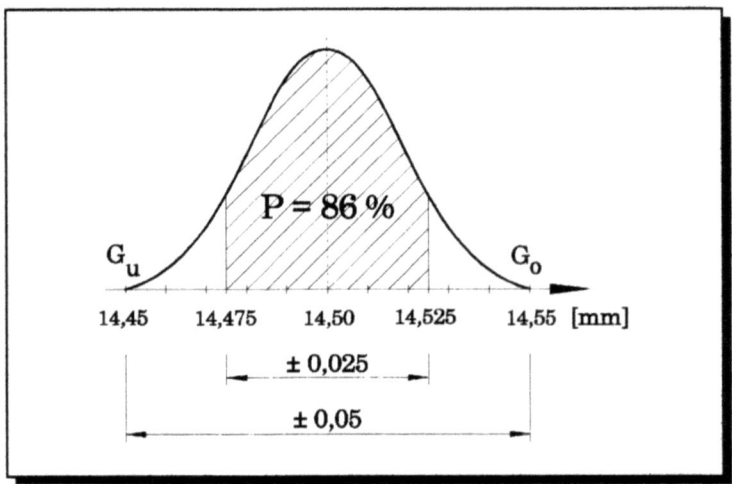

Bild 8.2: Prozentuale Einzelistmaßverteilung innerhalb des angegebenen Toleranzfeldes

9 Prozeßfähigere Herstellung von Produkten

9.1 Einfluß und Bedeutung der statistischen Tolerierung für die Konstruktion

Die in den Konstruktionsabteilungen bisher nur wenig beachtete Existenz von statistischen Gesetzmäßigkeiten, in bezug auf die sich in der Realität ergebenden Einflüsse aus der Fertigung und späteren Montage von Baugruppen, verhindert im Informationsverbund zwischen Konstruktion, Fertigung und Qualitätssicherung noch eine wirtschaftlichere Herstellung von Produkten.

Die sich bis zum heutigen Tage in der Praxis darstellende klare Trennung der betrieblichen Funktionen Konstruktion und Fertigung darf aber nicht weiter die Kommunikation behindern, sondern muß zu einem engen Dialog ausgebaut werden. So ist es normalerweise für eine Konstruktionsabteilung unerläßlich zu erfahren, wie sich der immaterielle Inhalt einer Zeichnung überhaupt fertigungstechnisch realisieren läßt. Die erforderlichen Rückmeldungen erfolgen jedoch in den seltensten Fällen.

Die heutigen Möglichkeiten der EDV-Technologie, denkt man z.B. an CAD, CAM, CAQ etc., lassen hingegen eine engere Kommunikation ohne weiteres zu. Diese Kommunikation soll letztlich dazu dienen, die Fertigung der Produkte zu optimieren. Hierbei kommt der Konstruktion eine Schlüsselstellung zu.

Die Konstruktion gibt im wesentlichen die fertigungstechnischen Dimensionen vor und hat mit dieser Vorgabe den größten Einfluß auf die Herstellkosten eines Produktes. Denn läßt der Konstrukteur mit der Vorgabe der Größe und Lage der Maßtoleranzen der Planung und Fertigung einen größeren Spielraum, so kann dieses im Rahmen der erforderlichen Arbeitsgänge zu einem insgesamt günstigeren und kürzeren Arbeitszyklus führen.

Welch großen Einfluß die Fertigungszeit oder auch das Wechseln in eine andere Qualitätsstufe aufgrund einer Toleranzerweiterung auf die wirtschaftliche Fertigung eines Produktes hat, ist sicherlich leicht einzusehen.

Diese Toleranzerweiterung ist jedoch nur bei einer Abkehr von der bisher angewandten konservativen Methode der Toleranzauslegung möglich. Der Versuch, schon in den siebziger Jahren eine angepaßte Toleranzauslegung mit Hilfe einer Norm zu reformieren, ist aufgrund der vielfältigen didaktischen Probleme in der zweckgerechten Darstellung gescheitert.

Die in diesem Manuskript erarbeiteten mathematischen Grundlagen für die statistische Tolerierung lassen in Ansätzen erkennen, welch ein Mehraufwand durch Berechnungen bei der Toleranzauslegung auf den Konstrukteur zukommt. Das Auflösen von komplizierten Gleichungssystemen sollte man aber nicht dem Konstrukteur, sondern dem Rechner überlassen, da letztlich ein Konstrukteur kein Mathematiker ist.

Aber trotz eines relativen Mehraufwandes bei der Konstruktion würden die enormen Vorteile der statistischen Tolerierung in der Serienfertigung diesen im Hinblick auf eine ökonomischere und prozeßfähigere Fertigung rechtfertigen.

Diesen Mehraufwand kann man jedoch umgehen, indem die erforderlichen mathematischen Modelle numerisch mit Hilfe der computertechnischen Einsatzmöglichkeiten aufgearbeitet und zur Verfügung gestellt werden.

So sind in jüngster Zeit EDV-Programme unter der Überschrift: "Statistische Tolerierung", wie TOL 1, USQS und VSA am Markt erschienen. Jedoch berücksichtigen diese Programme nur lineare Maßketten, welches die Einsatzmöglichkeiten zum einen schon drastisch einschränkt, und zum anderen werden bei den Programmen TOL 1 und VSA (Variation Simulation Analysis) nur normalverteilte Häufigkeitsverteilungen bei den Einzelteilen vorausgesetzt, was wie in den vorangegangenen Kapiteln erläutert, nur selten mit der Realität übereinstimmt.

9 Prozeßfähigere Herstellung von Produkten

Es muß vielmehr versucht werden, über die Integration der mathematischen Modelle und der modernen Computertechnologie in Verbindung mit den heute schon kommerziell nutzbaren CAD-Systeme wie PC-Draft, CATIA, CADDS etc., die statistische Tolerierung nicht als Insellösung zu betrachten, sondern über eine Programmierschnittstelle in die CAD-Systeme einzubinden.

Die statistische Tolerierung wird somit aufgrund einer Erhöhung der Entwurfsqualität zu einer Verbesserung der Produktqualität beitragen.

Klein hat in /27/ die in der Konstruktion zu leistende Qualitätsarbeit noch genauer spezifiziert. Er bindet dabei die bisher nur wenig angewandte statistische Tolerierung in die qualitätsfördernden Strategien

- Konstruktionsmethodik,
- Qualitätswertanalyse,
- Konstruktions-FMEA (Failure Mode and Effects Analysis),
- Störfall- oder Ereignisablaufanalyse,
- Fehlerbaumanalyse,
- Lebensdauer- und Zuverlässigkeitsanalyse,
- Ishikawa-Analyse
  und
- Konstruktions-Audit,

als wesentliches präventives Glied mit ein. Diese Einbindung zeigt, daß die statistische Tolerierung eine wichtige Säule der modernen Qualitätssicherung ist und als solche vielmehr genutzt werden sollte.

9.2 Einflüsse der Fertigung auf die statistische Tolerierung

Statistische Methoden kommen heute schon in der ganzen Breite der Fertigungsüberwachung zur Anwendung, da die Statistik schlechthin ein Mittel für die exakte Analyse und Erforschung von objektiven Gesetzmäßigkeiten bei technischen und ökonomischen Erscheinungen ist, die überwiegend von Zufallsgrößen beeinflußt werden. Dies trifft natürlich für jeden Fertigungsprozeß zu.

Beispielsweise ist eine spanende Bearbeitung ein typischer stochastischer Prozeß, dessen zufallsbedingte Unterschiede aus

- dem Lagerspiel der Werkzeugmaschine,
- den Inhomogenitäten im Werkstoff,
- möglichen Stromschwankungen,
- den Veränderungen der Arbeitsumgebung,
- eventuellen Schwingungszuständen in der Maschine oder am Werkzeug sowie aus
- Bedienungsunregelmäßigkeiten

folgen. Alle aufgeführten Einflüsse sind unabhängig voneinander und wirken sich zufällig auf das Arbeitsergebnis aus.

Zu den stochastischen Einflüssen gesellen sich in einer realen Fertigung aber auch deterministische Einflüsse. Hierzu ist zu zählen

- der einsetzende Werkzeugverschleiß
  oder
- die kontinuierliche Erwärmung des Werkzeuges und der Maschine.

9 Prozeßfähigere Herstellung von Produkten

Die systematischen Einflüsse einer Fertigung können meist durch Nachstellungen korrigiert werden, so daß ihre Auswirkungen auf die Toleranzen beherrschbar sind. Folglich wird sich eine Gauß'sche Normalverteilung als charakteristische Fertigungsverteilung einstellen.

Ein anderer Fall liegt dagegen bei Reib-, Stanz- oder Prägewerkzeugen vor, bei denen eine verschleißbedingte Änderung nicht korrigiert werden kann. Der Mittelwert der Verteilung ist demgemäß veränderlich. Diese Art von systematischen Fehlern kann durch eine Gleichverteilung (Rechteckverteilung als Umhüllende über mehrere Normalverteilungen) erfaßt werden.

Bewertet man nun vor diesem Hintergrund das Prinzip der statistischen Tolerierung, so wird die Basisfunktion der Fertigungsverteilung transparent, die in einem engeren Sinne auch ein Abbild der Möglichkeiten einer Fertigung ist.

In diesem Sinne sollte man eine Toleranzfestsetzung auch nicht als Diktat begreifen, sondern eine sinnvolle Tolerierung muß immer ein Kompromiß zwischen der Konstruktion und der Fertigung sein. Die Begründung hierfür liefert u.a. die Prozeßfähigkeit für eine sicher beherrschte Fertigung. Im Kapitel 7.3 wurde dargelegt, daß die Quantifizierungsgröße hierfür

$$C_p = \frac{T}{6 \cdot s} \geq 1,33$$

ist. Ein Konstrukteur mit seiner Richtlinienkompetenz für die Funktion wird somit immer verlangen, daß die Fertigungsstreuung eines Prozesses möglichst klein ist. Demgegenüber wird die Fertigung in Kenntnis der gegenläufigen Prozeßstreuung immer wieder fordern, daß die Toleranzen so groß wie möglich sind. Dieser Dissens kann somit nur durch das Prinzip der statistischen Tolerierung gelöst werden, da es beiden Forderungen gleichermaßen gerecht wird.

Dies ist sicherlich eine hinreichende Begründung dafür, daß die Konstruktion ausreichende Kenntnis über die Fertigungsverteilungen der wesentlichen Fertigungsgänge haben muß. Mit den heutigen Möglichkeiten, die SPC bietet, können diese Informationen aus den Qualitätsregelkarten abgeleitet werden. Der Aufwand hierzu ist im allgemeinen gering.

Es gibt mittlerweile schon einige Bereiche in der Technik (z.B. Kfz-Zulieferteile, Mediziengeräte, feinwerktechnische Komponenten), die sich hierüber die Möglichkeit, prozeßsicherer zu tolerieren, erschlossen haben. Das Motiv war hierbei immer:

- die Qualität bei sinkenden Stückkosten zu gewährleisten,
- die Funktionssicherheit nicht zu beeinträchtigen,
- die Montage zu erleichtern
  und
- die Ausschuß- bzw. Nacharbeitsquote zu senken.

Tatsächlich hat die statistische Tolerierung bei einigen Produkten diese Zielvorgaben auch realisieren können, so daß damit ein sehr wirksames Instrument zur Reduzierung der Qualitätskosten entwickelt werden konnte. Das derzeitige Problem besteht einfach darin, daß für eine breitere Anwendung in der Praxis noch Überzeugungsarbeit geleistet werden muß.

9 Prozeßfähigere Herstellung von Produkten

9.3 Neue Aufgabeninhalte für die Qualitätssicherung

Unter den Zwängen stetig zunehmender Qualitätskosten muß man heute über die Aufgaben der Qualitätssicherung im Unternehmen ganz neu nachdenken.

Ein Ansatzpunkt zur Umkehr besteht in der stärkeren Ausprägung der Vorbeugung im Vorfeld der eigentlichen Fertigung, da die Selektion sich immer mehr als Sackgasse erweist und einfach auch zu teuer ist. Das Zukunftspotential liegt somit in der Fehlerverhütung durch robustere Produkte und Prozesse.

Gemäß diesem neuen Verständnis kann es nicht nur Aufgabe der Qualitätssicherung sein zu kontrollieren und zu überwachen, sondern viel stärker muß die Förderung von Qualitätsarbeit ausgebaut werden. Diese Zielrichtung entspricht auch der Prämisse, wirtschaftlich mit den Ressourcen eines Unternehmens umzugehen und Qualität nicht kurativ zu erzeugen.

Nach neueren Analysen könnten nämlich durchschnittlich 70% der Mängel an Produkten ausgeschlossen werden, wenn in der Konstruktion und Planung diese Fehlerquellen erkannt und demgemäß vorbeugende Maßnahmen für eine Verhinderung ergriffen würden. Qualitätssicherung muß demnach zukunftsorientierten Einfluß nehmen.

Die Automobilindustrie ist hier mittlerweile Vorreiter geworden und hat entsprechende Konsequenzen aus der "rule of ten" gezogen. Man hat nämlich erkannt, daß es für Fehlerbeseitigungskosten eine Verzehnfachungsregel gibt, so wie im umseitigen Bild 9.1 dargestellt.

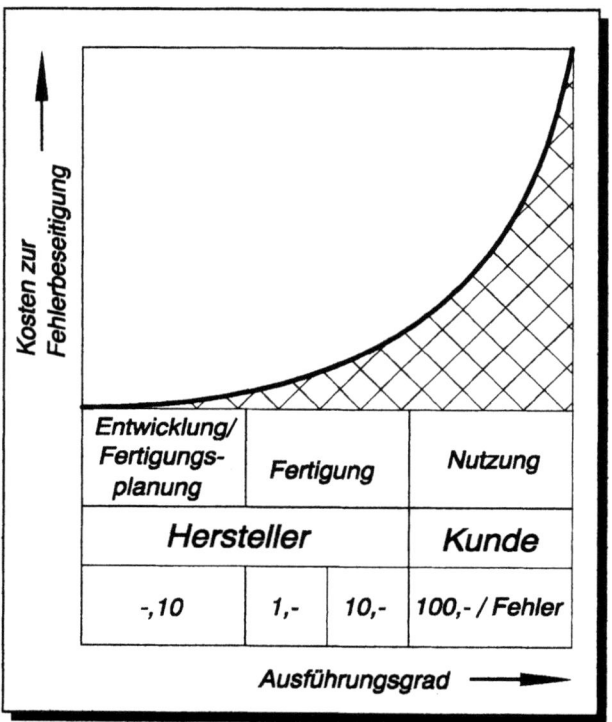

Bild 9.1: Verzehnfachungsgesetzmäßigkeit der Fehlerbeseitigungskosten bezogen auf ein PKW

Ist es hiernach möglich, einen potentiellen Fehler in der Konstruktion oder Planung durch eine systematisierte Schwachstellenanalyse zu beheben, so ist der zu leistende Aufwand mit durchschnittlich DM 0,10 je Fahrzeug anzusetzen. Die Kosten multiplizieren sich für jede weitere Ausführungsstufe mit dem Faktor zehn und nehmen schließlich DM 100,- an für die Fehlerbeseitigung beim Kunden.

Die häufigsten Fehler sind hierbei Funktionsfehler, und zwar daß eine Funktion in ihrer Gesamtheit nicht ausgeführt werden kann oder die Funktion unsicher ist. Überwiegend sind dies dann Abstimmungsprobleme, bei denen tolerierte Maße eine erhebliche Rolle spielen. Somit schließt sich auch hier wieder der Kreis zur statistischen Tolerierung. Wie zuvor ausgeführt, eignet sich das statistische Toleranzprinzip zum einen dazu, bei vorgegebenen Einzeltoleranzen das Schließmaß über eine Kette exakt zu bestimmen oder im Umkehrschluß dazu, bei vorgegebenem Schließmaß mit weitest zulässigen Einzeltoleranzen zu operieren.

Dies bedingt somit auch eine andere Potenz der Qualitätssicherung, indem sie integrativ in den Entwicklungs- und Planungsprozeß mit eingebunden werden muß und hier eine Beratungs- und Informationsfunktion zu übernehmen hat.

Alle Fachabteilungen eines Unternehmens müssen diesbezüglich ihr Selbstverständnis neu ausrichten und verstehen lernen, daß man gemeinsam für eine Endleistung verantwortlich ist, die letztlich der Kunde bewertet.

10 Informationsverbund zwischen CAD und CAQ

Wegen der dominanten Bedeutung der Konstruktion für den Produkterfolg ist es grundverkehrt, die Konstruktion von der Fertigung und Qualitätssicherung abzukapseln. Zukunftsstrategie muß es vielmehr sein, ein verflochtenes Netz der informellen Abläufe und methodischen Konzepte aufzubauen. Eine demgemäß richtungsweisende Perspektive eines CAX-Verbundes ist im Bild 10.1 entwickelt worden, an der es in nächster Zeit zu arbeiten gilt, wenn sich die statistische Tolerierung langfristig etablieren soll.

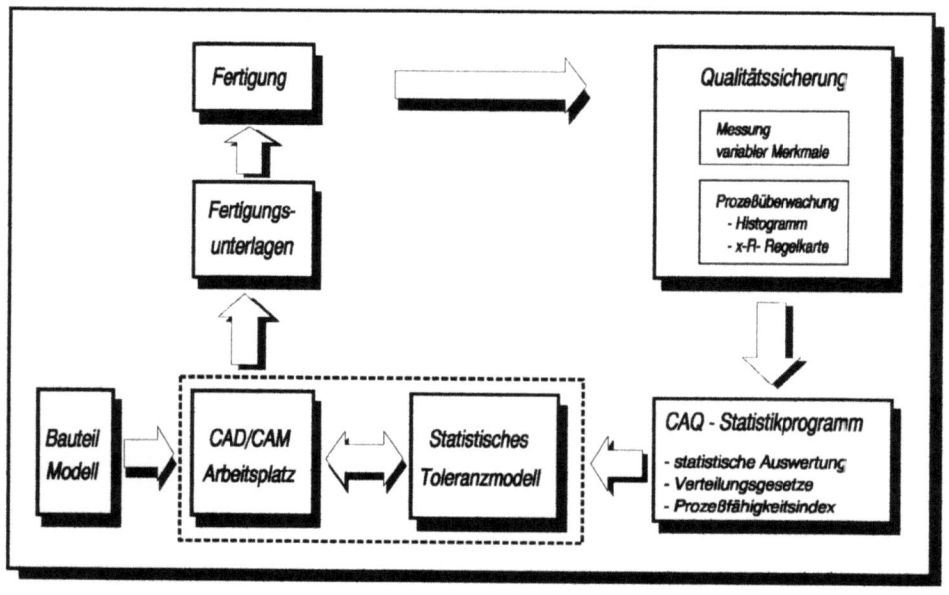

Bild 10.1: Informationsverbund zwischen einem CAD/CAM-System und einem CAQ-System nach /27/

Zukunftsziel muß es hierbei sein, einen statistischen Toleranzmodul zu entwickeln und diesen über eine Programmschnittstelle in ein CAD-System einzubinden. Bei den meisten CAD-

Systemen dürfte dies auch prinzipiell machbar sein, und zwar sogar bis zu einer Stufe, die maßliche Manipulationen erlaubt. Damit eröffnet sich die Möglichkeit einer interaktiven Nutzung mit der Perspektive, am Bildschirm optimale Konstellationen zu finden.

Dies muß unterstützt werden durch eine Datenschnittstelle zur Statistikauswertung in CAQ-Programmen, um stets aktuelle Fertigungsverteilungen heranziehen zu können.

Nach den vorausgegangenen Ausführungen liegt es auf der Hand, welche technologischen und wirtschaftlichen Vorteile damit verknüpft sind, so daß eine geeignete Realisierung sicherlich eine lohnenswerte Zielsetzung ist.

Derzeit liegt dies aber noch in ferner Zukunft, obwohl einige kommerzielle und universitäre Forschungsstellen diese Problematik schon aufgegriffen haben. Das vorliegende Manuskript ist eine erste Bemühung in diese Richtung und soll als nächstes den Weg zu einer numerischen Umsetzung ebnen helfen.

11 Zusammenfassung

In den vorstehenden Kapiteln wurde die statistische Tolerierung gesamtheitlich abgehandelt und der Zusammenhang zwischen Konstruktion, Herstellung und Montage dargestellt. Es ist für die Autoren insgesamt erfreulich, daß das Prinzip und die Umsetzung in der Praxis so großes Interesse gefunden haben. In der heutigen Situation ist dies aber verständlich, denn unter dem allseitigen Wettbewerbsdruck steht die *Entfeinerung von Produkten* an oberster Stelle unternehmerischer Ziele. Dahinter steht die Notwendigkeit, Herstellkosten und Qualitätskosten zu senken, um wieder in wettbewerbsfähige Regionen bei der Preisgestaltung zu kommen.

Ein wirksames Mittel dazu ist tatsächlich die Tolerierung, die für Konstruktion und Herstellung einen dreifachen Nutzen beinhaltet, und zwar

- ermöglicht die statistische Tolerierung eine realistische Abschätzung, wie sich tolerierte Maße unter Fertigungsgegebenheiten einstellen;
- ermöglicht die statistische Tolerierung, mit weitest möglichen Toleranzen unter Wahrung von Funktionsanforderungen zu arbeiten
und
- ermöglicht die statistische Tolerierung Montagesimulationen unter Berücksichtigung von toleranzüberschreitenden Einzelteilen und gestattet somit eine Aussage, ob fehlerhafte Einzelteile im Hinblick auf die Funktion verbaut werden können.

Wie keine andere Konstruktionshilfstechnik trägt somit die statistische Tolerierung dazu bei, Produktionsentwürfe prozeßfähiger zu machen.

Voraussetzung dieser neuartigen Tolerierungstechnik ist die Kenntnis der Formen von Fertigungsverteilungen, so wie sie sich in Klein- und Großserien unter verschiedenen Gegebenheiten einstellen. Zwischen den Fertigungsstreuungen und den Toleranzfeldern gibt es dabei über den Prozeßfähigkeitsindex einen markanten Zusammenhang, so daß es einsichtig ist, daß Toleranzen nicht beliebig gewählt werden sollten.

11 Zusammenfassung

Die bisherige Vorgehensweise des Konstrukteurs ist nämlich die, daß er Toleranzen ausschließlich nach funktionellen Gegebenheiten unter der Prämisse der absoluten Austauschbarkeit wählt. In vielen Anwendungsfeldern hat dies dazu geführt, daß Toleranzen immer mehr eingeengt wurden, immer hochpräzisere Maschinen für die Fertigung erforderlich wurden und letztlich noch der Endkontrolle die Aufgabe zufiel auszuselektieren. Der damit verbundene Aufwand führt letztlich dazu, daß selbst einfache Teile extrem teuer werden und eigentlich eine Übergenauigkeit gezüchtet wird, die langfristig Produkte nicht mehr wettbewerbsfähig macht. Alle Anstrengungen müssen deshalb darauf gerichtet werden, mit möglichst grob tolerierten Maßen den Funktionsanforderungen zu genügen.

Wie dargelegt, zeichnet sich mit der statistischen Tolerierung ein gangbarer Weg ab, die Kostenspirale zurückzudrehen. Durch das Zulassen von größtmöglichen Toleranzen in einem bestimmten Streufeld, kann sodann wieder die Fertigung vereinfacht und die Herstellkosten gesenkt werden.

Die statistische Tolerierung funktioniert allerdings nur mit einem Anteil von nicht möglichen Fällen, der allerdings so klein gehalten werden kann, daß dadurch Montagen kaum beeinflußt werden. Der Anteil nicht möglicher Kombinationen stellt in diesem Sinne aber kein Ausschuß dar, sondern wird einem anderen Los zugemischt, welches mit großer Wahrscheinlichkeit wieder zu montagefähigen Einheiten verbaut werden kann.

Die Erkenntnisse um diese Zusammenhänge sind erlernbar und sollten heute zur Grundausbildung von guten Konstrukteuren gehören. Mit der vorliegenden Ausarbeitung sollen dazu die Voraussetzungen geschaffen werden.

12 Literaturverzeichnis

Bücher

/1/ Arnold, L.: Stochastische Differentialgleichungen,
Theorie und Anwendung
R. Oldenbourg-Verlag, 1973

/2/ Bartsch, H.-J.: Mathematische Formeln
Buch- und Zeit- Verlagsgesellschaft mbH, Köln, 1980

/3/ Böttger, F.: Erzielung von Fertigungsvorteilen durch
Anwendung statistischer Gesetze auf die Toleranzrechnung
Dissertation, RWTH-Aachen, 1961

/4/ Bronstein, I.N./ Semendjajew, K.A.: Taschenbuch der
Mathematik, 21. Auflage
Verlag Harri Deutsch, Thun und Frankfurt/Main, 1984

/5/ Ehrlenspiel, K.: Kostengünstig Konstruieren
Springer-Verlag, Berlin, Heidelberg, 1985, S. 199-211

/6/ Kirschling, G.: Qualitätssicherung und Toleranzen
Springer-Verlag, Berlin, Heidelberg, 1988

/7/ Klein, M.: Einführung in die DIN-Normen, 8. Auflage
B.G. Teubner Stuttgart Verlag, S. 269-288

/8/ Meschkowski, H.: Wahrscheinlichkeitsrechnung
B.I.- Wissenschaftsverlag, Band 285, (Mannheim) 1968

/9/ Snirnow, N.W./ Dunin-Barkowski, I.W.: Mathematische
Statistik in der Technik
VEB Deutscher Verlag der Wissenschaften, 1969

/10/ Strehl, R.: Wahrscheinlichkeitsrechnung und
elementare statistische Anwendungen
SM-Studienbücher Mathematik, Herder-Verlag, 1974

/11/ Sweschnikow, A.A.: Wahrscheinlichkeitsrechnung und mathematische Statistik in Aufgaben
BSG. B.G. Teubner Leipzig Verlag, 1970

/12/ van der Waerden, B.L.: Mathematische Statistik, 3. Auflage
Springer-Verlag, 1971

Zeitschriftenaufsätze

/13/ Backes, S.: Statistische Toleranzrechnung
Vortrag zum Qualitätsleiterforum 1986 in München, gftm-Verlag München, S. 279-292

/14/ Bauer, E.: Toleranzfähigkeit- Praxisgerechte Erweiterung der klassischen SPC- Lehre
Qualitätstechnik 36 (1991), S. 340-342

/15/ Bosshard, H.: Mitteltoleranzen
Industrielle Organisation 23 (1954), Nr. 4, S 125-130

/16/ Böttger, F.: Die Anwendung statistischer Gesetze auf die Toleranzrechnung von Maßsummen
Industrie-Anzeiger, Essen, Nr. 18 (1960), S. 25-33

/17/ Brandt, M.: Die Möglichkeit des Gebrauches statistischer Methoden für die Toleranzen
Mikrotecnic, Lusanne, Band 11, Nr. 6, S. 310-312

/18/ Cox, N.D.: How to perform statistical tolerance analysis
ASQC Quality congress transactions, Minneapolis (1987), S. 223-227

/19/ Deixler, A.: Vorschlag zur Reform der bestehenden Toleranzauffassung als Konsequenz statistischer Methoden
Qualitätskontrolle 7 (1962), Heft 4, S. 45-49

/20/ Dolezalek, C.M.: Einführung zur Stuttgarter Automatisierungstagung
Mikrotecnic, Lusanne, Band 11, Nr. 6, S. 313-315

/21/ Goubeaud, F.: Toleranzkopplungen in Theorie und Praxis
Feinwerktechnik, 63 (1959), Heft 4, S. 133-142

/22/ Hanka, W./ Hase, R.: Die Häufigkeitsverteilung der Summentoleranzen von zusammengebauten Teilen
Werkstattstechnik, 55 (1965), Heft 12, S. 590-593

/23/ Hase, R.: Darstellung von Paßtoleranzen, Spielen und Übermaßen im Zusammenhang mit der Häufigkeitsverteilung
Werkstattstechnik und Maschinenbau, 47 (1957), Heft 1, S. 53-59

/24/ Kettmann, A.: Festlegung von Toleranzen nach statistischen Gesichtspunkten
Konstruktion 13 (1961), Heft 5, S. 202-204

/25/ Kirstein, H.: SPC- ein neuer Denkansatz
Qualitätssicherung 132 (1990), Nr. 9, S. 138-143

/26/ Klein, B.: Ganzheitliche Qualitätssicherung mit FMEA
Technica 40 (1991) 17, S. 75-83

/27/ Klein, B.: QS-Methoden in der Produktkonstruktion, Teil 1
Technica 40 (1991) 18, S. 61-66

/28/ Klein, B.: QS-Methoden in der Produktentwicklung, Teil 2
Technica 40 (1991) 24, S. 14-22

/29/ Kleinschmidt, M.: Zur wahrscheinlichkeitstheoretischen Methode der Toleranzuntersuchungen bei Maßkombinationen ohne Korrelation der Einzelmaße
Standardisierung 10 (1964), Heft 6, Teil 1, S. 212-219

/30/ Röper, H.: Statistische Maßtolerierung von Großserienprodukten
Konstruktion 41 (1989), S. 313-318

/31/ Samuel, A.E.: Process capability studies and interchangeability in a complex assembly
Int. J. Mach. Tool Des. Res., Nr. 4 (1983), S. 213-225

/32/ Saxer, W.: Über die Entwicklung des Gesetzes der Großen Zahlen und dessen Anwendung
Industrielle Organisation 25 (1956), Nr. 11, S. 413-418

/33/ Schlötel, E.: Toleranzfestlegung unter Berücksichtigung statistischer Gesichtspunkte
Qualitätskontrolle 13 (1968), Heft 9, S. 111-119

/34/ Siefer, W.: Toleranzen und Genauigkeit bei der Gießteilfertigung
Gießereitechnik 36 (1990), Heft 2, S. 43-48

/35/ Spotts, M.F.: Predicting tolerance stack-up
Design engineering, Jan. 1982, S. 61-65

12 Literaturverzeichnis

/36/ Stuhlmann, W./ Schmidt, P.-W.: Statistische Tolerierung als Problem der Fertigung und der Prüfung
Werkstattstechnik 55 (1965), Heft 12, S. 585-589

/37/ Trumpold, H./ Beck, C.: Optimale Toleranzfestlegung unter Berücksichtigung der Maßkettentheorie und der statistischen Eigenschaften des Fertigungsprozesses
Fertigungstechnik und Betrieb 21 (1971), Heft 4, S. 242-246

/38/ Vocht, R.: Toleranzkopplungen, ein statistisches Problem
Industrie-Anzeiger, Essen, Nr. 18 (1960), S. 20-24

/39/ Zollikofer, O.: Qualität und Kosten
Industrielle Organisation, Zürich, 20 (1951) Nr. 1, S. 1-8

/40/ Zollikofer, O.: Wahrscheinlichkeitsüberlegungen als Hilfe bei der wirtschaftlichen Toleranzwahl
Industrielle Organisation, Zürich, 16 (1957) Nr. 4, S. 160-166

DIN-Normen

/41/ DIN 7182, Teil 1: Toleranzen und Passungen; Grundbegriffe

/42/ DIN 7186, Teil 1: Statistische Tolerierung; Begriffe, Anwendungsrichtlinien und Zeichnungsangaben

/43/ DIN 7186/E, Teil 2: Statistische Tolerierung; Grundlagen für Rechenverfahren

/44/ DIN ISO 1101: Form- und Lagetolerierung; Form-, Richtungs-, Orts- und Lauftoleranzen

/45/ DIN ISO 286 Teil 1: ISO-System für Grenzmaße und Passungen; Grundlagen für Toleranzen, Abmaße und Passungen

/46/ DIN ISO 2768 Teil 1: Allgemeintoleranzen; Länge, Winkel

/47/ DIN ISO 2768 Teil 2: Allgemeintoleranzen; Form und Lage

13 Anhang A   Tabelle

Tabelle: Standardisierte Normalverteilung,
Variable

$$u = \frac{x-\mu}{\sigma}$$

u	F(u)	Q(u)	F(u)-Q(u)	f(u)
0,0	0,5000	0,5000	0,0000	0,3989
0,1	0,5398	0,4601	0,0796	0,3969
0,2	0,5792	0,4207	0,1585	0,3910
0,3	0,6179	0,3820	0,2358	0,3813
0,4	0,6554	0,3445	0,3108	0,3682
0,5	0,6914	0,3085	0,3829	0,3520
0,6	0,7257	0,2742	0,4514	0,3332
0,7	0,7580	0,2419	0,5160	0,3122
0,8	0,7881	0,2118	0,5762	0,2896
0,9	0,8159	0,1840	0,6318	0,2660
1,0	0,8413	0,1586	0,6826	0,2419
1,1	0,8643	0,1356	0,7286	0,2178
1,2	0,8849	0,1150	0,7698	0,1941
1,3	0,9032	0,0968	0,8064	0,1713
1,4	0,9192	0,0807	0,8384	0,1497
1,5	0,9331	0,0668	0,8663	0,1295
1,6	0,9452	0,0548	0,8904	0,1109
1,7	0,9554	0,0445	0,9108	0,0940
1,8	0,9640	0,0359	0,9281	0,0789
1,9	0,9712	0,0287	0,9425	0,0656
2,0	0,9772	0,0227	0,9545	0,0539

13 Anhang

u	F(u)	Q(u)	F(u)−Q(u)	f(u)
2,1	0,9821	0,0178	0,9642	0,0439
2,2	0,9861	0,0139	0,9721	0,0354
2,3	0,9892	0,0107	0,9785	0,0283
2,4	0,9918	0,0082	0,9836	0,0223
2,5	0,9937	0,0062	0,9875	0,0175
2,6	0,9953	0,0046	0,9906	0,0135
2,7	0,9965	0,0034	0,9930	0,0104
2,8	0,9974	0,0025	0,9948	0,0079
2,9	0,9981	0,0018	0,9962	0,0059
3,0	0,9986	0,0013	0,9973	0,0044
3,2	0,9993	0,0006	0,9986	0,0023
3,4	0,9996	0,0003	0,9993	0,0012
3,6	0,9998	0,0001	0,9996	0,0006
3,8	0,9999	0,0000	0,9998	0,0002
4,0	0,9999	0,0000	0,9999	0,0001

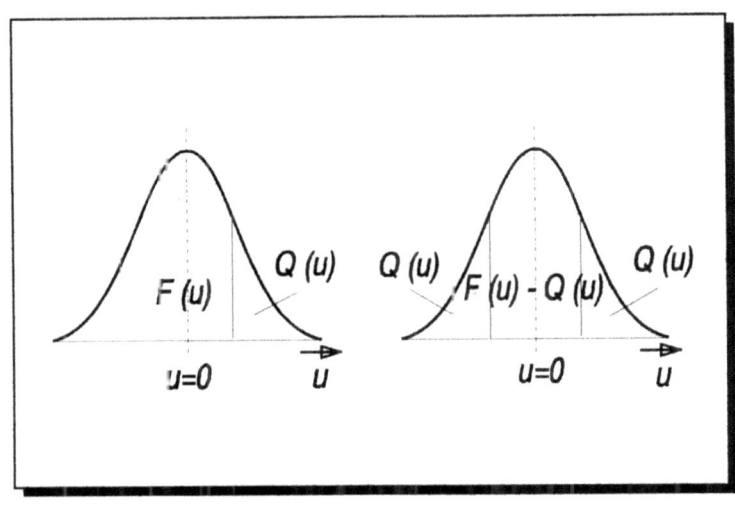

13 Anhang B   Simulation

Simulation einer Bauteilkomplettierung mit dreieckig- und normalverteilten Fertigungstoleranzen

Diese und die darauffolgende Seite beziehen sich auf die durchgeführte Simulation von Seite 125. Für die individuelle Durchführung dienen diese beiden Seiten als Arbeitsmaterialien.
Wer die Simulation durchführen möchte schneidet die nachfolgenden symbolischen Istmaße der einzelnen Bauelemente aus und führt die Simulation nach der Anleitung von Seite 129ff. durch.
Zur Dokumentation der Ergebnisse dient die nachfolgende Seite.

A = Wellenzapfenlänge M 1

A 15,20	A 15,24	A 15,24	A 15,27	A 15,27	A 15,27	A 15,30	A 15,30
A 15,30	A 15,30	A 15,33	A 15,33	A 15,33	A 15,36	A 15,36	A 15,40

B = Einstichbreite M 2

B 1,85	B 1,88	B 1,88	B 1,90	B 1,90	B 1,90	B 1,92	B 1,92
B 1,92	B 1,92	B 1,94	B 1,94	B 1,94	B 1,96	B 1,96	B 1,99

C = Sicherungsringbreite M 3

C 1,70	C 1,71	C 1,71	C 1,71	C 1,71	C 1,72	C 1,72	C 1,72
C 1,72	C 1,72	C 1,72	C 1,73	C 1,73	C 1,73	C 1,73	C 1,74

D = Wälzlagerbreite M 4

D 14,97	D 14,99	D 14,99	D 14,99	D 14,99	D 15,00	D 15,00	D 15,00
D 15,00	D 15,00	D 15,00	D 15,01	D 15,01	D 15,01	D 15,01	D 15,03

13 Anhang

Baugruppe	1	2	3	4	5	6	7	8
$+ M_1$								
$+ M_2$								
$- M_3$								
$- M_4$								
$= \text{Schließmaß } M_0$								

Baugruppe	9	10	11	12	13	14	15	16
$+ M_1$								
$+ M_2$								
$- M_3$								
$- M_4$								
$= \text{Schließmaß } M_0$								

Schließmaß $M_o = M_1 + M_2 - M_3 - M_4 =$

Höchstschließmaß $P_o =$

Mindestschließmaß $P_u =$

Schließmaßtoleranz $T_s = P_o - P_u =$

13 Anhang C   Berechnungsbeispiele

Die nachfolgenden Beispiele verfolgen die Intention, die zuvor dargelegten Zusammenhänge noch einmal angewandt zu zeigen.

1. Beispiel (*lineare Toleranzanalyse*)

In der Abbildung ist ein Drehgelenk gezeigt, das möglichst spielfrei und dennoch leicht beweglich sein soll. Für die angegebene Situation ist daher zu überprüfen, welches Spiel sich zwischen dem Gleitlager und den beiden Absätzen einstellt.

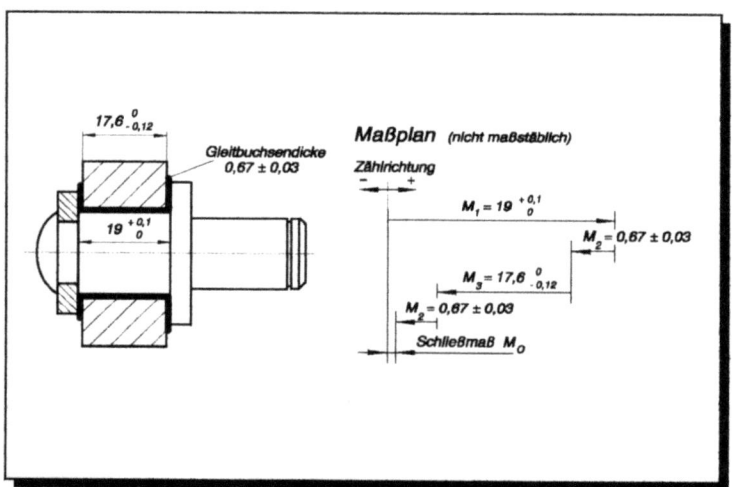

Bild 13.1: Axiale Gleitlager-Fixierung in einer Betätigungseinrichtung bei einem Kfz

A) Arithmetische Toleranzrechnung

Tolerierte Maße	Höchstmaße	Mindestmaße
$M_1 = 19^{+0,1}$	$G_{o_1} = 19,1$	$G_{u_1} = 19$
$M_2 = 0,67 \pm 0,03$	$G_{o_2} = 0,7$	$G_{u_2} = 0,64$
$M_3 = 17,6_{-0,12}$	$G_{o_3} = 17,6$	$G_{u_3} = 17,48$

13 Anhang

Größtmaß des Schließmaßes

$$P_o = \sum_{i=1}^{n} G_{o\,pos_i} - \sum_{j=1}^{m} G_{u\,neg_j}$$

$$P_o = (G_{o_1}) - (G_{u_2} + G_{u_3} + G_{u_2}) = (19,1) - (0,64 + 17,48 + 0,64) = 0,34 \ mm$$

Mindestmaß des Schließmaßes

$$P_u = \sum_{i=1}^{n} G_{u\,pos_i} - \sum_{j=1}^{m} G_{o\,neg_j}$$

$$P_u = (G_{u_1}) - (G_{o_2} + G_{o_3} + G_{o_2}) = (19) - (0,7 + 17,6 + 0,7) = 0,0 \ mm$$

Arithmetische Toleranz

$$T_a = P_o - P_u = 0,34 - 0 = 0,34 \ mm$$

Arithmetisch toleriertes Schließmaß

$$M_o = \frac{P_o + P_u}{2} \pm \frac{T_e}{2} = 0,17 \pm 0,17 \ mm \ ,$$

d.h. das Spiel M_o bewegt sich zwischen 0 mm und 0,34 mm.

B) Statistische Toleranzrechnung
(Unter Verwendung normalverteilter Fertigungstoleranzen)

Maßplan

$$M_o = M_1 - M_2 - M_3 - M_2$$

Nennmaße (Nennmaße mit symmetrischen Abmaßen)

$$N_{1_{neu}} = \frac{G_{o_1} + G_{u_1}}{2} = 19,05 \; mm \;,$$

$$N_{2_{neu}} = \frac{G_{o_2} + G_{u_2}}{2} = 0,67 \; mm \;,$$

$$N_{3_{neu}} = \frac{G_{o_3} + G_{u_3}}{2} = 17,54 \; mm \;.$$

Nennschließmaß

$$N_o = N_{1_{neu}} - N_{2_{neu}} - N_{3_{neu}} - N_{2_{neu}} = 0,17 \; mm$$

Schließmaßtoleranz

$$T_s \equiv T_q = \sqrt{\sum_{i=1}^{n} T_i^2} = \sqrt{T_1^2 + T_2^2 + T_3^2 + T_2^2} = 0,177 \; mm$$

Statistisch toleriertes Schließmaß

$$M_o = N_o \pm \frac{T_s}{2} = 0,17 \pm 0,088 \; mm$$

Reduktionsfaktor

$$r = \frac{T_s}{T_a} = \frac{0,177}{0,34} = 0,5205$$

Reduktion der Schließmaßtoleranz um 47,94 %.

Erweiterungsfaktor

$$e = \frac{1}{r} = \frac{1}{0,5205} = 1,92$$

Erweiterung der Einzeltoleranzen um jeweils das 1,92-fache.

Danach ergeben sich die neuen Einzeltoleranzen zu

$$T_{1_{neu}} = T_{1_{alt}} \cdot 1,92 = 0,192 \; mm \; ,$$
$$T_{2_{neu}} = T_{2_{alt}} \cdot 1,92 = 0,115 \; mm \; ,$$
$$T_{3_{neu}} = T_{3_{alt}} \cdot 1,92 = 0,23 \; mm \; .$$

Kontrollrechnung

$$T_{q_{neu}} \equiv T_a = 0,34 = \sqrt{\sum_{i=1}^{n} T_{i_{neu}}^2} = \sqrt{T_{1_{neu}}^2 + T_{2_{neu}}^2 + T_{3_{neu}}^2 + T_{2_{neu}}^2} = 0,34 \; mm$$

Hiernach könnten die neuen Abmaße wie folgt gewählt werden

$M_1 = 19^{+0,15} \; mm$ statt $^{+0,1}_{0}$,

$M_2 = 0,67 \pm 0,05 \; mm$ statt $\pm 0,03$,

$M_3 = 17,6_{-0,2} \; mm$ statt $^{0}_{-0,12}$.

2. Beispiel (*nicht lineare Toleranzanalyse*)

Das in der Abbildung dargestellte Plattensegment soll auf den sich nach der Fertigungszeichnung einstellenden Lochabstand der beiden Bohrungen hin numerisch untersucht werden.
Aufgrund dieser nichtlinearen Beziehung läßt sich der Additionstheorem der Normalverteilung (Abweichungsfortpflanzungsgesetz) nicht anwenden.
Der Lochabstand läßt sich hier mit der nichtlinearen Funktion nach Pythagoras bestimmen.

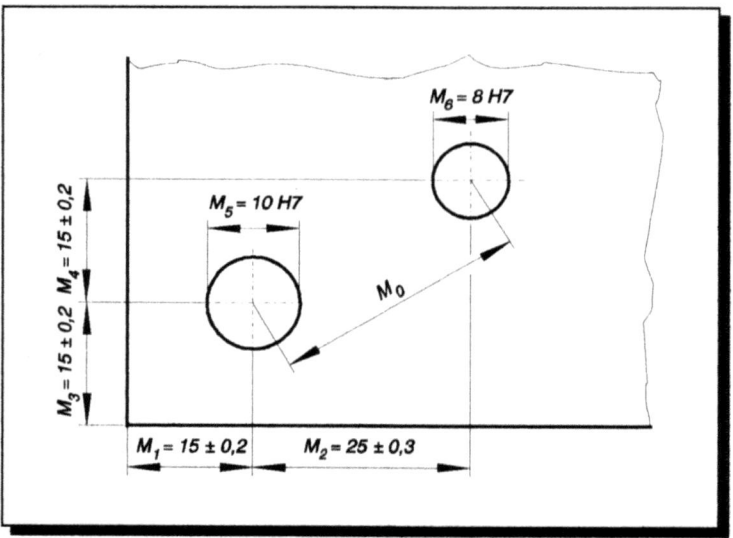

Bild 13.2: Lochabstand eines Plattensegments

A) Arithmetische Toleranzrechnung

Das Schließmaß M_O ist hier eine Funktion von M_2 und M_4, d.h.

$$M_o = f(M_2, M_4).$$

Mittelwert des Lochabstandes

$$M_o = \sqrt{M_2^2 + M_4^2}$$

$$\mu_o = \sqrt{\mu_2^2 + \mu_4^2} = \sqrt{25^2 + 15^2} = 29{,}1547 \; mm$$

Höchstmaß des Lochabstandes

$$P_o = \sqrt{G_{o_2}^2 + G_{o_4}^2} = \sqrt{25{,}3^2 + 15{,}2^2} = 29{,}5149 \; mm$$

Mindestmaß des Lochabstandes

$$P_u = \sqrt{G_{u_2}^2 + G_{u_4}^2} = \sqrt{24{,}7^2 + 14{,}8^2} = 28{,}7946 \; mm$$

Toleranz des Lochabstandes

$$T_a = P_o - P_u = 29{,}5149 - 28{,}7946 = 0{,}7203 \; mm$$

Arithmetisch tolerierter Lochabstand

$$M_o = \mu_o \pm \frac{T_a}{2} = 29{,}154 \pm 0{,}36 \; mm$$

B) Statistische Toleranzrechnung

Standardabweichung (Streuung) der Maße M_2 und M_4
(Bei Vorlage normalverteilter Fertigungstoleranzen)

$$\sigma_2 = \sqrt{\frac{T_2^2}{36}} = \sqrt{\frac{0{,}6^2}{36}} = 0{,}1\ mm\ ,$$

$$\sigma_4 = \sqrt{\frac{T_4^2}{36}} = \sqrt{\frac{0{,}4^2}{36}} = 0{,}066\ mm\ .$$

Varianz der beiden Maße

$$\sigma_2^2 = 0{,}01\ mm^2,$$
$$\sigma_4^2 = 0{,}0044\ mm^2.$$

Funktion des Lochabstandes

$$M_o = \sqrt{M_2^2 + M_4^2}$$

$$\mu_o = \sqrt{\mu_2^2 + \mu_4^2}$$

Varianz des Lochabstandes

$$\sigma_{M_o}^2 = \sigma_{\mu_o}^2 \approx \left(\frac{\partial \mu_o}{\partial \mu_2}\right)^2 \cdot \sigma_2^2 + \left(\frac{\partial \mu_o}{\partial \mu_4}\right)^2 \cdot \sigma_4^2$$

$$\sigma_{M_o}^2 = \sigma_{\mu_o}^2 \approx \left(\frac{\partial\left(\sqrt{\mu_2^2 + \mu_4^2}\right)}{\partial \mu_2}\right)^2 \cdot \sigma_2^2 + \left(\frac{\partial\left(\sqrt{\mu_2^2 + \mu_4^2}\right)}{\partial \mu_4}\right)^2 \cdot \sigma_4^2$$

$$\sigma_{M_o}^2 = \sigma_{\mu_o}^2 \approx \left(\frac{\mu_2}{\sqrt{\mu_2^2 + \mu_4^2}}\right)^2 \cdot \sigma_2^2 + \left(\frac{\mu_4}{\sqrt{\mu_2^2 + \mu_4^2}}\right)^2 \cdot \sigma_4^2$$

$$\sigma_{M_o}^2 = \sigma_{\mu_o}^2 \approx \left(\frac{25}{\sqrt{25^2+15^2}}\right)^2 \cdot 0,1^2 + \left(\frac{15}{\sqrt{25^2+15^2}}\right)^2 \cdot 0,066^2$$

$$\sigma_{M_o}^2 = \sigma_{\mu_o}^2 \approx 0,008529 \; mm^2$$

Standardabweichung (Streuung) des Lochabstandes

$$\sigma_{M_o} = 0,0923 \; mm$$

Toleranz des Lochabstandes für ± 3 s

$$T_s = \pm 3 \cdot s = 2 \cdot 3 \cdot \sigma_{M_o} = 6 \cdot 0,0923 = 0,5541 \; mm$$

gegenüber $T_o = 0,7203 \; mm$

Statistisch tolerierter Lochabstand

$$M_o = 29,154 \pm 0,27 \; mm$$

Reduktionsfaktor

$$r = \frac{T_s}{T_a} = \frac{0,5541}{0,7203} = 0,7692$$

Reduktion der Toleranz des Lochabstandes um 23,08 %.

Erweiterungsfaktor

$$e = \frac{1}{r} = \frac{1}{0,7692} = 1,29$$

Erweiterung der Einzeltoleranzen um jeweils das 1,29-fache.

Kontrollrechnung

$$T_{2_{neu}} = T_2 \cdot e = 0,6 \cdot 1,29 = 0,774 \, mm \, ,$$

$$T_{4_{neu}} = T_4 \cdot e = 0,4 \cdot 1,29 = 0,516 \, mm \, ,$$

$$\sigma_{2_{neu}}^2 = \frac{T_{2_{neu}}^2}{36} = \frac{0,774^2}{36} = 0,0166 \, mm^2 \, ,$$

$$\sigma_{4_{neu}}^2 = \frac{T_{4_{neu}}^2}{36} = \frac{0,516^2}{36} = 0,007396 \, mm^2 \, .$$

$$\sigma_{\bar{M}_{oneu}}^2 = \sigma_{\mu_{oneu}}^2 \approx \left(\frac{\mu_2}{\sqrt{\mu_2^2 + \mu_4^2}}\right)^2 \cdot \sigma_{2_{neu}}^2 + \left(\frac{\mu_4}{\sqrt{\mu_2^2 + \mu_4^2}}\right)^2 \cdot \sigma_{4_{neu}}^2$$

$$\sigma_{\bar{M}_{oneu}}^2 = \sigma_{\mu_{oneu}}^2 \approx \left(\frac{25}{\sqrt{25^2 + 15^2}}\right)^2 \cdot 0,0166 + \left(\frac{15}{\sqrt{25^2 + 15^2}}\right)^2 \cdot 0,007396$$

$$\sigma_{\bar{M}_{oneu}}^2 = \sigma_{\mu_{oneu}}^2 \approx 0,014163 \, mm^2$$

$$\sigma_{\bar{M}_{oneu}} = 0,119 \, mm$$

$$T_{s_{neu}} = T_a = 0,7203 \, mm = \pm 3 \cdot s = 2 \cdot 3 \cdot \sigma_{M_{oneu}} = 6 \cdot 0,119 = 0,714 \, mm$$

Die Kontrollrechnung beweist, daß sich mit einer Erweiterung der Einzeltoleranzen um den Faktor 1,29 die sich daraus ergebende Gesamttoleranz gleich der zuvor arithmetisch ermittelten ist.

3. Beispiel (*nicht lineare Toleranzanalyse*)

Die in der Abbildung dargestellte elektrische Widerstandsschaltung zweier hintereinander geschalteter Reihen- und Parallelschaltungen soll auf ihren resultierenden Gesamtwiderstand hin berechnet werden.

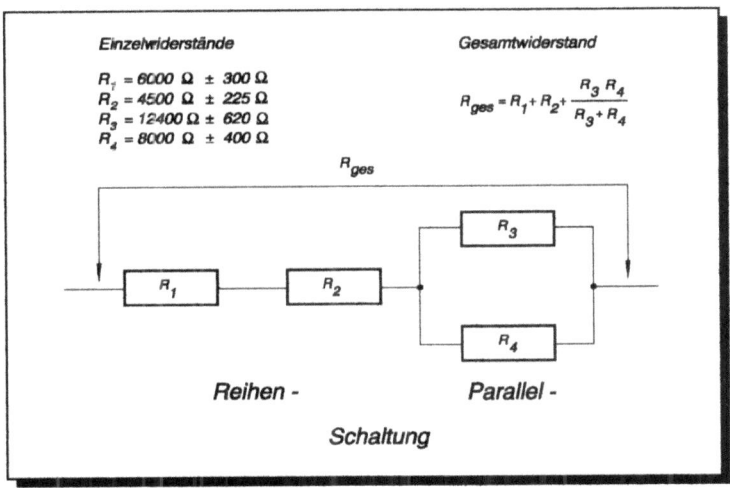

Bild 13.3: Elektrische Widerstandsschaltung einer gekoppelten Reihen- und Parallelschaltung

A) Arithmetische Toleranzrechnung

Mittelwert des Gesamtwiderstandes der Schaltung

$$\overline{R}_{ges} = \overline{R}_1 + \overline{R}_2 + \frac{\overline{R}_3 \cdot \overline{R}_4}{\overline{R}_3 + \overline{R}_4}$$

$$\overline{R}_{ges} = 6000 + 4500 + \frac{12400 \cdot 8000}{12400 + 8000} = 15362,74 \ \Omega$$

Toleranz des Gesamtwiderstandes

$$T_{a_{ges}} = T_1 + T_2 + \frac{T_3 \cdot T_4}{T_3 + T_4}$$

$$T_{a_{ges}} = 600 + 450 + \frac{1240 \cdot 800}{1240 + 800} = 1536,27 \; \Omega = \pm \; 768,13 \; \Omega$$

Arithmetisch tolerierter Gesamtwiderstand

$$R_{ges} = 15362,74 \pm 768,13 \; \Omega$$

B) Statistische Toleranzrechnung

Standardabweichung (Streuung) der einzelnen Widerstände
(Bei Vorlage normalverteilter Fertigungstoleranzen)

$$\sigma_1 = \sqrt{\frac{T_1^2}{36}} = \sqrt{\frac{600^2}{36}} = 100 \; \Omega \; ,$$

$$\sigma_2 = \sqrt{\frac{T_2^2}{36}} = \sqrt{\frac{450^2}{36}} = 75 \; \Omega \; ,$$

$$\sigma_3 = \sqrt{\frac{T_3^2}{36}} = \sqrt{\frac{1240^2}{36}} = 206,66 \; \Omega \; ,$$

$$\sigma_4 = \sqrt{\frac{T_4^2}{36}} = \sqrt{\frac{800^2}{36}} = 133,33 \; \Omega \; .$$

Varianz der einzelnen Widerstände

$$\sigma_1^2 = 10000 \; \Omega^2 ,$$
$$\sigma_2^2 = 5625 \; \Omega^2 ,$$
$$\sigma_3^2 = 42711,11 \; \Omega^2 ,$$
$$\sigma_4^2 = 17777,77 \; \Omega^2 .$$

Funktion des Gesamtwiderstandes

$$R_{ges} = f(R_1, R_2, R_3, R_4)$$

$$R_{ges} = R_1 + R_2 + \frac{R_3 \cdot R_4}{R_3 + R_4}$$

$$\overline{R}_{ges} = \overline{R}_1 + \overline{R}_2 + \frac{\overline{R}_3 \cdot \overline{R}_4}{\overline{R}_3 + \overline{R}_4}$$

Varianz des Gesamtwiderstandes

$$\sigma_{R_{ges}}^2 \approx \sum_{i=1}^{n} \left(\frac{\partial \overline{R}_{ges}}{\partial \overline{R}_i} \right)^2 \sigma_{R_i}^2$$

$$\sigma_{R_{ges}}^2 \approx \left(\frac{\partial \overline{R}_{ges}}{\partial \overline{R}_1} \right)^2 \sigma_{R_1}^2 + \left(\frac{\partial \overline{R}_{ges}}{\partial \overline{R}_2} \right)^2 \sigma_{R_2}^2 + \left(\frac{\partial \overline{R}_{ges}}{\partial \overline{R}_3} \right)^2 \sigma_{R_3}^2 + \left(\frac{\partial \overline{R}_{ges}}{\partial \overline{R}_4} \right)^2 \sigma_{R_4}^2$$

$$\sigma_{R_{ges}}^2 \approx \left(\frac{\partial \left(\overline{R}_1 + \overline{R}_2 + \frac{\overline{R}_3 \cdot \overline{R}_4}{\overline{R}_3 + \overline{R}_4} \right)}{\partial \overline{R}_1} \right)^2 \sigma_{R_1}^2 + \left(\frac{\partial \left(\overline{R}_1 + \overline{R}_2 + \frac{\overline{R}_3 \cdot \overline{R}_4}{\overline{R}_3 + \overline{R}_4} \right)}{\partial \overline{R}_2} \right)^2 \sigma_{R_2}^2 +$$

$$+ \left(\frac{\partial \left(\overline{R}_1 + \overline{R}_2 + \frac{\overline{R}_3 \cdot \overline{R}_4}{\overline{R}_3 + \overline{R}_4} \right)}{\partial \overline{R}_3} \right)^2 \sigma_{R_3}^2 + \left(\frac{\partial \left(\overline{R}_1 + \overline{R}_2 + \frac{\overline{R}_3 \cdot \overline{R}_4}{\overline{R}_3 + \overline{R}_4} \right)}{\partial \overline{R}_4} \right)^2 \sigma_{R_4}^2$$

$$\sigma_{R_{ges}}^2 \approx 1^2 \cdot \sigma_{R_1}^2 + 1^2 \cdot \sigma_{R_2}^2 + \left[\frac{\overline{R}_4^2}{(\overline{R}_3 + \overline{R}_4)^2} \right]^2 \cdot \sigma_{R_3}^2 + \left[\frac{\overline{R}_3^2}{(\overline{R}_3 + \overline{R}_4)^2} \right]^2 \cdot \sigma_{R_4}^2$$

$$\sigma_{R_{ges}}^2 \approx 10000 + 5625 + \left[\frac{8000^2}{(12400 + 8000)^2} \right]^2 \cdot 42711{,}11 + \left[\frac{12400^2}{(12400 - 8000)^2} \right]^2 \cdot 17777{,}77$$

$$\sigma_{R_{ges}}^2 \approx 19061{,}98\ \Omega^2 = 19{,}06\ k\Omega^2$$

Standardabweichung (Streuung) des Gesamtwiderstandes

$$\sigma_{\bar{R}_{ges}} = 138,0651\ \Omega$$

Toleranz des Gesamtwiderstandes für ± 3 s

$$T_s = \pm 3 \cdot s = 2 \cdot 3 \cdot \sigma_{\bar{R}_{ges}} = 6 \cdot 138,065 = 828,3909\ \Omega$$

gegenüber $T_a = 1536,27\ \Omega$

Statistisch tolerierter Gesamtwiderstand

$$R_{ges} = 15362,74 \pm 414,19\ \Omega$$

Reduktionsfaktor

$$r = \frac{T_s}{T_a} = \frac{828,39}{1536,27} = 0,5392$$

Reduktion der Toleranz des Gesamtwiderstandes um 46,07 %.

Erweiterungsfaktor

$$e = \frac{1}{r} = \frac{1}{0,5392} = 1,854$$

Erweiterung der Einzeltoleranzen um jeweils das 1,85-fache.

Kontrollrechnung

$$T_{1_{neu}} = T_1 \cdot e = 600 \cdot 1,85 = 1110\ \Omega\ ,$$

$$T_{2_{neu}} = T_2 \cdot e = 450 \cdot 1,85 = 832,5\ \Omega\ ,$$

$$T_{3_{neu}} = T_3 \cdot e = 1240 \cdot 1,85 = 2294\ \Omega\ ,$$

$$T_{4_{neu}} = T_4 \cdot e = 800 \cdot 1,85 = 1480\ \Omega\ .$$

13 Anhang

$$\sigma_{1_{neu}}^2 = \frac{T_{1_{neu}}^2}{36} = \frac{1110^2}{36} = 34225 \, mm^2,$$

$$\sigma_{2_{neu}}^2 = \frac{T_{2_{neu}}^2}{36} = \frac{832,5^2}{36} = 19251,5 \, mm^2,$$

$$\sigma_{3_{neu}}^2 = \frac{T_{3_{neu}}^2}{36} = \frac{2294^2}{36} = 146178,7 \, mm^2,$$

$$\sigma_{4_{neu}}^2 = \frac{T_{4_{neu}}^2}{36} = \frac{1480^2}{36} = 60844,4 \, mm^2.$$

$$\sigma_{ges_{neu}}^2 \approx \left(\frac{\partial \overline{R}_{ges}}{\partial \overline{R}_1}\right)^2 \sigma_{1_{neu}}^2 + \left(\frac{\partial \overline{R}_{ges}}{\partial \overline{R}_2}\right)^2 \sigma_{2_{neu}}^2 + \left(\frac{\partial \overline{R}_{ges}}{\partial \overline{R}_3}\right)^2 \sigma_{3_{neu}}^2 + \left(\frac{\partial \overline{R}_{ges}}{\partial \overline{R}_4}\right)^2 \sigma_{4_{neu}}^2$$

$$\sigma_{ges_{neu}}^2 \approx \left(\frac{\partial \left(\overline{R}_1 + \overline{R}_2 + \frac{\overline{R}_3 \cdot \overline{R}_4}{\overline{R}_3 + \overline{R}_4}\right)}{\partial \overline{R}_1}\right)^2 \sigma_{1_{neu}}^2 + \left(\frac{\partial \left(\overline{R}_1 + \overline{R}_2 + \frac{\overline{R}_3 \cdot \overline{R}_4}{\overline{R}_3 + \overline{R}_4}\right)}{\partial \overline{R}_2}\right)^2 \sigma_{2_{neu}}^2 +$$

$$+ \left(\frac{\partial \left(\overline{R}_1 + \overline{R}_2 + \frac{\overline{R}_3 \cdot \overline{R}_4}{\overline{R}_3 + \overline{R}_4}\right)}{\partial \overline{R}_3}\right)^2 \sigma_{3_{neu}}^2 + \left(\frac{\partial \left(\overline{R}_1 + \overline{R}_2 + \frac{\overline{R}_3 \cdot \overline{R}_4}{\overline{R}_3 + \overline{R}_4}\right)}{\partial \overline{R}_4}\right)^2 \sigma_{4_{neu}}^2$$

$$\sigma_{ges_{neu}}^2 \approx 34225 + 19251,5 + \left[\frac{8000^2}{(12400 + 8000)^2}\right]^2 \cdot 146178,7 + \left[\frac{12400^2}{(12400 + 8000)^2}\right]^2 \cdot 60844,4$$

$$\sigma_{ges_{neu}}^2 \approx 65239,59073 \, \Omega^2$$

$$\sigma_{ges_{neu}} = 255,4204 \, \Omega$$

$$T_{s_{neu}} = T_a = 1536,27 \, \Omega$$

$$T_{s_{neu}} = 6 \cdot \sigma_{ges_{neu}} = 6 \cdot 255,42 = 1532,52 \, \Omega \, .$$

Die Kontrollrechnung beweist, daß sich mit einer Erweiterung der Einzeltoleranzen um den Faktor 1,85 die sich daraus ergebende Gesamttoleranz gleich der zuvor arithmetisch ermittelten ist.

4. Beispiel (*nicht lineare Toleranzanalyse*)

Für das in der Abbildung dargestellte exzentrische Schubkurbelgetriebe soll die augenblickliche Lage des Kolbens M_O für einen Kurbelwinkel $\varphi = 40°$ und einer Versetzung M_3 berechnet werden.

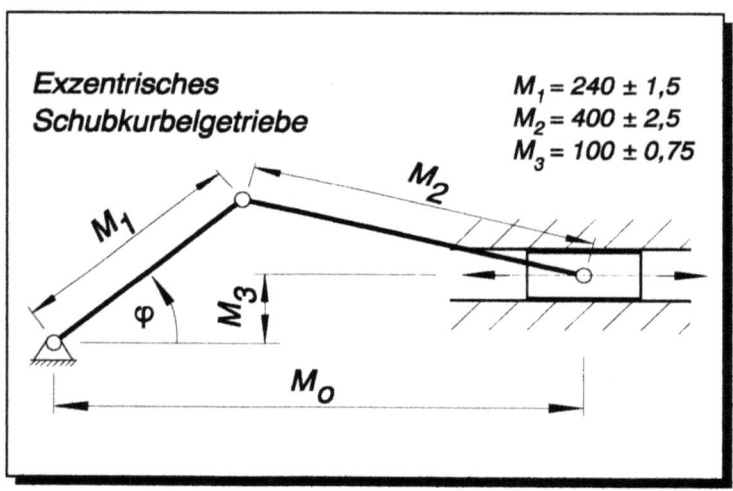

Bild 13.4: Exzentrisches Schubkurbelgetriebe

M_1 = *Kurbelradius*
M_2 = *Länge des Übertragungsgelenks*
M_3 = *Versetzung*
φ = *Kurbelwinkel*

A) Arithmetische Toleranzrechnung

<u>Übertragungsfunktion nullter Ordnung für die augenblickliche Lage des Kolbens</u>

$$M_o = M_1 \cdot \cos \varphi + \sqrt{M_2^2 - (M_1 \cdot \sin \varphi - M_3)^2}$$

13 Anhang

<u>Mittelwert der Länge M_O für $\varphi = 40°$</u>

$$\mu_o = \mu_1 \cdot \cos 40° + \sqrt{\mu_2^2 - (\mu_1 \cdot \sin 40° - \mu_3)^2}$$

$$\mu_o = 240 \cdot \cos 40° + \sqrt{400^2 - (240 \cdot \sin 40° - 100)^2} = 580{,}15 \; mm$$

<u>Höchstmaß der Länge M_O</u>

$$P_o = G_{o_1} \cos \varphi + \sqrt{G_{o_2}^2 - (G_{o_1} \sin \varphi - G_{o_3})^2}$$

$$P_o = 241{,}5 \cos 40° + \sqrt{402{,}5^2 - (241{,}5 \sin 40° - 100{,}75)^2} = 583{,}795 \; mm$$

<u>Mindestmaß der Länge M_O</u>

$$P_u = G_{u_1} \cos \varphi + \sqrt{G_{u_2}^2 - (G_{u_1} \sin \varphi - G_{u_3})^2}$$

$$P_u = 238{,}5 \cos 40° + \sqrt{397{,}5^2 - (238{,}5 \sin 40° - 99{,}25)^2} = 576{,}509 \; mm$$

<u>Toleranz der Länge M_O</u>

$$T_a = P_o - P_u = 583{,}795 - 576{,}509 = 7{,}29 \; mm$$

<u>Arithmetisch toleriertes Schließmaß</u>

$$M_o = \mu_o \pm \frac{T_a}{2} = 580{,}15 \pm 3{,}6 \; mm$$

B) Statistische Toleranzrechnung

Standardabweichung der einzelnen Maße (normalverteilter Fertigungstoleranzen)

$$\sigma_1 = \sqrt{\frac{T_1^2}{36}} = \sqrt{\frac{(G_{o_1} - G_{u_1})^2}{36}} = \sqrt{\frac{(241,5 - 238,5)^2}{36}} = 0,5 \ mm \ ,$$

$$\sigma_2 = \sqrt{\frac{T_2^2}{36}} = \sqrt{\frac{(G_{o_2} - G_{u_2})^2}{36}} = \sqrt{\frac{(402,5 - 397,5)^2}{36}} = 0,8\overline{3} \ mm \ ,$$

$$\sigma_3 = \sqrt{\frac{T_3^2}{36}} = \sqrt{\frac{(G_{o_3} - G_{u_3})^2}{36}} = \sqrt{\frac{(100,75 - 99,25)^2}{36}} = 0,25 \ mm \ .$$

Varianz der einzelnen Maße

$\sigma_1^2 = 0,25 \ mm^2$,

$\sigma_2^2 = 0,694 \ mm^2$,

$\sigma_3^2 = 0,0625 \ mm^2$.

Funktion des Schließmaßes

$$M_o = M_1 \cdot \cos \varphi + \sqrt{M_2^2 - (M_1 \cdot \sin \varphi - M_3)^2}$$

$$M_o = f(M_1, M_2, M_3, \varphi)$$

$\varphi = konst.$

$$M_o = f(M_1, M_2, M_3)$$

für die Mittelwerte gilt dann:

$$\mu_o = f(\mu_1, \mu_2, \mu_3)$$

$$\mu_o = \mu_1 \cdot \cos \varphi + \sqrt{\mu_2^2 - (\mu_1 \cdot \sin \varphi - \mu_3)^2}$$

13 Anhang

Varianz des Schließmaßes

$$\sigma_{ges}^2 = \sum_{i=1}^{n} \left(\frac{\partial \mu_o}{\partial \mu_i}\right)^2 \sigma_i^2$$

$$\sigma_{ges}^2 = \left(\frac{\partial \mu_o}{\partial \mu_1}\right)^2 \sigma_1^2 + \left(\frac{\partial \mu_o}{\partial \mu_2}\right)^2 \sigma_2^2 + \left(\frac{\partial \mu_o}{\partial \mu_3}\right)^2 \sigma_3^2$$

$$\sigma_{ges}^2 = \left(\frac{\partial \left(\mu_1 \cos\varphi + \sqrt{\mu_2^2 - (\mu_1 \sin\varphi - \mu_3)^2}\right)}{\partial \mu_1}\right)^2 \sigma_1^2 +$$

$$+ \left(\frac{\partial \left(\mu_1 \cos\varphi + \sqrt{\mu_2^2 - (\mu_1 \sin\varphi - \mu_3)^2}\right)}{\partial \mu_2}\right)^2 \sigma_2^2 +$$

$$+ \left(\frac{\partial \left(\mu_1 \cos\varphi + \sqrt{\mu_2^2 - (\mu_1 \sin\varphi - \mu_3)^2}\right)}{\partial \mu_3}\right)^2 \sigma_3^2$$

$$\sigma_{ges}^2 = \left[\cos\varphi + \frac{\left(-2\mu_1 \sin^2\varphi + 2\mu_3 \sin\varphi\right)}{2\sqrt{\mu_2^2 - \mu_1^2 \sin^2\varphi + 2\mu_1\mu_3 \sin\varphi - \mu_3^2}}\right]^2 \sigma_1^2 +$$

$$+ \left[\frac{2\mu_2}{2\sqrt{\mu_2^2 - \mu_1^2 \sin^2\varphi + 2\mu_1\mu_3 \sin\varphi - \mu_3^2}}\right]^2 \sigma_2^2 +$$

$$+ \left[\frac{2\mu_1 \sin\varphi - 2\mu_3}{2\sqrt{\mu_2^2 - \mu_1^2 \sin^2\varphi + 2\mu_1\mu_3 \sin\varphi - \mu_3^2}}\right]^2 \sigma_3^2$$

Setzt man in die gefundene Gleichung die Mittelwerte ein, in diesem Falle entsprechen diese den Nennmaßen, so ergibt sich die folgende Varianz der sich einstellenden Länge M_0.

$$\sigma_{ges}^{2} = \left[\cos 40° + \frac{(-2 \cdot 240 \cdot \sin^{2} 40° + 2 \cdot 100 \cdot \sin 40°)}{2\sqrt{400^{2} - 240^{2} \cdot \sin^{2} 40° + 2 \cdot 240 \cdot 100 \cdot \sin 40° - 100^{2}}} \right]^{2} 0,5^{2} +$$

$$+ \left[\frac{2 \cdot 400}{2\sqrt{400^{2} - 240^{2} \cdot \sin^{2} 40° + 2 \cdot 240 \cdot 100 \cdot \sin 40° - 100^{2}}} \right]^{2} 0,8\overline{3}^{2} +$$

$$+ \left[\frac{2 \cdot 240 \cdot \sin 40° - 2 \cdot 100}{2\sqrt{400^{2} - 240^{2} \cdot \sin^{2} 40° + 2 \cdot 240 \cdot 100 \cdot \sin 40° - 100^{2}}} \right]^{2} 0,25^{2}$$

$$\sigma_{ges}^{2} = 0,823567257 \ mm^{2}$$

Die Quadratwurzel der Varianz liefert dann die Streuung des Schließmaßes M_O.

<u>Standardabweichung des Schließmaßes</u>

$$\sigma_{ges} = 0,9075 \ mm$$

<u>Toleranz des Schließmaßes für ± 3 s</u>

$$T_s = \pm 3 \cdot s = 2 \cdot 3 \cdot \sigma_{ges} = 6 \cdot 0,9075 = 5,44 \ mm$$

gegenüber $\quad T_a = 7,29 \ mm$.

<u>Statistisch toleriertes Schließmaß</u>

$$M_o = 580,15 \pm 2,72 \ mm$$

<u>Reduktionsfaktor</u>

$$r = \frac{T_s}{T_a} = \frac{5,44}{7,29} = 0,7462$$

Reduktion der Schließmaßtoleranz um 25,37 %.

Erweiterungsfaktor

$$e = \frac{1}{r} = \frac{1}{0,7462} = 1,34$$

Erweiterung der Einzeltoleranzen um jeweils das 1,34-fache.

Das Ergebnis ermöglicht es also, bei einer Annahmewahrscheinlichkeit von 99,73 %, die Einzeltoleranzen um jeweils 34 % zu erweitern.

14 Sachwortverzeichnis

A
Abmaß 18, 41, 106, 157
Abweichung 7, 20, 24, 50
-, geometrische 17-28
-, unzulässige 7
-, zulässige 7,20,24
Abweichungsfortpflanzungsgesetz 73, 75, 106, 114
Angstprinzip 30
Annahmewahrscheinlichkeit 7, 8, 113
AQL (acceptable quality level) 8
Ausganslinie, s. Bezugslinie
Ausschuß 8, 20, 34, 64, 167, 189
absolute Austauschbarkeit 2, 3, 23, 24, 29-46, 110, 188
Assozativsgesetz 73

B
Bezugslinie 32, 39
Bezugselement 27
Binomialverteilung 53
Binomialkoeffizient 53
Bohrungsmaß 18
Brauchbarkeit 7

D
Definitionsformel 50
Dichteverteilung 85, 87, 145
Dispersion 55, 65
Dreieckverteilung 71, 86, 126, 127, 129, 130

E
Eingriffsgrenze 171-173
Einzelmaß 181
Einzeltoleranz 41
Erwartungswert 54, 55, 150
Erweiterungsfaktor 118, 121, 124, 134, 154, 156, 166

F
Faltoperation 72, 79, 82, 83
Faltprodukt 72, 74, 86
Faltsumme 87
Faltung von Verteilungen 72
Fehler 7, 75, 189, 192
Fehleranteil 7, 8, 95, 98, 122, 127, 153
Fertigungslos 129
Fertigungsverteilung 112, 174-176, 180
Formtoleranzen 24, 26

G
Gaußverteilung, s. Normalverteilung
Geometrische Abweichungen 18-28
Gesamtstandardabweichung 114
Gesamttoleranz 118, 121, 122
Gleichverteilung, s. Rechteckverteilung
Grenzmaß 19, 20, 41
Größtschließmaß, s. Höchstschließmaß
Grundgesamtheit 49, 50, 66, 69, 77, 99, 171, 172, 177

H
Herstellkosten 15
Histogramm 174
Höchstmaß 18, 20, 42, 43, 120, 154, 181
Höchstpassung 36
Höchstschließmaß 42, 44
Höchstspiel 36

I
ISO-Toleranzsystem 21, 22
Istmaß 19, 20, 32, 129, 130
IT-Toleranz 21, 22

K
Kennwert 21
Klasse 174, 175
Kleinstschließmaß, s. Mindestschließmaß
Kommutativgesetz 73

L
Lagetoleranzen 17, 24, 26, 27
Längenmaß 18
Linearkombination 79
LQ (limiting quality) 8

M
Maßkette 33, 35, 36, 40, 45, 46, 79, 102, 108, 112, 118, 121, 122, 124-126, 134, 180, 181
-, lineare 32, 44, 125, 135, 184
-, nichtlineare 32, 135, 160, 193
Maßplan 35, 36, 39, 44, 101, 102, 104, 105, 109, 115, 125, 181
Maßtoleranz 18

14 Sachwortverzeichnis

Maxima-Minima-Prinzip 29, 30
Merkmal 7, 49, 150, 160, 174, 176
Mindestmaß 20
Mindestpassung 36
Mindestschließmaß 42, 44
Mindestspiel 36, 126
Mittelwert 49, 50, 61, 65, 66, 68-71, 73, 79, 95, 98-100, 113, 131, 150, 157, 162, 171, 173-175
Mittelwertkarte 171
Mittenmaß 71, 112, 113
Mittenschließmaß 36
mittlerer Fehler 75
Montage 2, 3, 29, 34, 37, 44, 91, 101, 110, 120, 125, 132, 183, 187, 194

N
Nennmaß 20, 35, 41, 157-159, 181, 187
Nennschließmaß 105, 110
Negatives Maß 37
Normalverteilung 60-63, 65, 67, 68, 70, 71, 74, 77, 82, 98-100, 112, 113, 127, 128, 150, 151, 153, 174
NV-Tabelle 200, 201

O
Ortstoleranzen 27

P
Parameter 53, 66, 70, 72, 171, 172, 186
Passung 13, 33, 36, 37, 40, 41, 157, 159
Paßmaß 35, 36, 91
Positives Maß 37
Process capability, s. Prozeßfähigkeit
Process capability index, s. Prozeßfähigkeitsindex
Prozeß 167-169, 171, 177-180, 186, 189, 191
Prozeßfähigkeit 177-179, 192
Prozeßfähigkeitsindex 178-180
Prozeßmerkmal 170
Prozeßsteuerung 167

Q
quadratische Toleranzrechnung 8, 106, 115
quadratische Tolerierung, s. quadratische Toleranzrechnung
Qualität 2, 3, 10-12, 15, 16, 21, 34, 167, 176, 187, 193

Qualitätsregelkarte 170, 173
Qualitätssicherung 9, 183, 185, 187, 189
Qualitätsstufen 14

R
Rechteckverteilung 58, 59, 70-72, 92, 121, 141, 187, 190
Relativkostenzahl 13
Reduktionsfaktor 107, 116, 121, 122, 124, 154
Richtungstoleranz 26, 27

S
Schätzwert 66
-, Mittelwert 171
-, Standardabweichung 172
Schließmaß 32
Schließmaßtoleranz, s. Schließtoleranz
Schließtoleranz 33, 41-43, 107, 115, 116, 120, 121, 124, 127, 187
Schwankungen 1, 169
Sicherheit 4
Simulation 125, 129, 132-134, 184
Sollmaß 19, 20
Spannweite 83, 86, 87, 89, 95, 100, 121, 122, 127, 130, 145
SPC (Statistical Process Control) 167
Standardabweichung 50, 55, 56, 61, 65, 68-70, 73, 75, 113, 127, 133, 144, 149, 152, 165, 170-172, 178, 181
Standardisierte Normalverteilung 62, 63, 200, 201
statistische Toleranzrechnung 8, 9, 92, 112, 115, 125, 126, 156, 175, 184, 185, 188-190, 192
statistische Tolerierung, s. statistische Toleranzrechnung
Stichprobe 7, 8, 49, 50, 66, 99, 175
Stochastische Variable, s. Zufallsvariable
Streuung 50, 55, 112, 113, 121, 161, 170, 171, 177

T
Taylorentwicklung 136
Tiefenmaß 18
Toleranz 2, 6, 12-14, 19-21, 29, 33, 42, 46, 69, 83, 95, 111, 112, 116, 118, 122, 127, 129, 130, 145, 146, 152-155, 174, 177, 178, 180, 186
Toleranzauslegung 8, 29, 96, 184

Toleranzeinengung 33, 154
Toleranzerweiterung 118, 121, 124, 134, 166, 183, 184
Toleranzfeld 40, 68, 69, 112, 113, 165, 182
Toleranzfeldlage 22
Toleranzfestlegung 29, 30, 46
Toleranzklasse 21
Toleranzmodell 110, 191
Toleranznormen 5
Toleranzprinzip 7
Toleranzrechnung 8, 47, 115, 117, 120, 134
Toleranzzone 25, 26
Tolerierte Eigenschaften 28
Toleriertes Maß 22, 35
Transformation 61, 153
Trapezverteilung 145

U
u-Tabelle, s. NV-Tabelle
Übermaß 33, 36, 37

V
Varianz 50, 55, 65, 75, 79, 98, 140, 144, 146, 151, 152, 164, 165
Verteilungsform 122, 187
Verteilungsfunktion 51-57, 61-63, 72, 78, 83, 84, 89, 95, 96
Vertrauensbereich 66, 67

W
Wahrscheinlichkeit 7, 47, 48, 52-56, 58, 59, 64, 135
Wahrscheinlichkeitsdichtefunktion 61-63, 144
Wahrscheinlichkeitsverteilung 60, 72
Warngrenze 171-173
Wellenmaß 18
Worst case 110, 126

Z
Zählrichtung 32, 33, 36, 37
Zentraler Grenzwertsatz 77, 98
Zufallsgröße, s. Zufallsvariable
Zufallsstreubereich 69
Zufallsvariable 47, 51, 54, 55, 58, 79, 99, 148
 -, diskrete 56
 -, stetige 58

MIX
Papier aus verantwortungsvollen Quellen
Paper from responsible sources
FSC® C105338

If you have any concerns about our products,
you can contact us on
ProductSafety@springernature.com

In case Publisher is established outside the EU,
the EU authorized representative is:
**Springer Nature Customer Service Center GmbH
Europaplatz 3, 69115 Heidelberg, Germany**

Printed by Libri Plureos GmbH
in Hamburg, Germany